主 编 徐 锋
副主编 裘 艳 吴红颖 马 萍
　　　 倪华平 钟 浩

数海拾贝

SHUHAI SHIBEI

 浙江工商大学出版社
ZHEJIANG GONGSHANG UNIVERSITY PRESS
·杭州·

图书在版编目(CIP)数据

数海拾贝 / 徐锋主编. —杭州：浙江工商大学出版社，2021.12(2022.9重印)

ISBN 978-7-5178-4748-9

Ⅰ. ①数… Ⅱ. ①徐… Ⅲ. ①数学－普及读物 Ⅳ. ①O1－49

中国版本图书馆 CIP 数据核字(2021)第 255854 号

数海拾贝

SHUHAI SHI BEI

主　编	徐　锋
副主编	裘　艳　吴红颖　马　萍　倪华平　钟　浩
责任编辑	刘　颖
封面设计	沈　婷
责任印制	包建辉
出版发行	浙江工商大学出版社
	（杭州市教工路 198 号　邮政编码 310012）
	（E-mail:zjgsupress@163.com）
	（网址:http://www.zjgsupress.com）
	电话:0571－88904970,88831806(传真)
排　版	杭州朝曦图文设计有限公司
印　刷	浙江全能工艺美术印刷有限公司
开　本	880mm×1230mm　1/32
印　张	6.25
字　数	135 千
版 印 次	2021 年 12 月第 1 版　2022 年 9 月第 2 次印刷
书　号	ISBN 978-7-5178-4748-9
定　价	39.80 元

前 言 _Perface_

中国古代哲学家老子在《道德经》中说："道生一,一生二,二生三,三生万物。"数学无处不在,每个人或多或少地要用到数学,要接触数学,或多或少地理解一些数学。

然而在不少人的心目中,数学是研究古老难题的学科,数学只是为了应试才要学的一门学科。造成这种错误印象的原因很多,除了数学本身比较抽象,不易为公众所了解之外,学校教学没有很好地诠释数学也是一大原因。为了让读者更好地走近数学,本书以大量数学史材料为依据,从数学呈现的形式——数、符号、图形到思维方法等进行了整理、列举。

数是什么?孩童从牙牙学语开始就接触的东西仿佛微不足道,但又缺它不可,其实数是人类最伟大的发明之一,是人类精确描述事物的基础。第一章主要对数展开追本溯源,在数的起源中跟随古人踏上人类文明进步的阶梯,在数系的演变中了解到科学技术发展的进程,在特殊的数中探寻神秘数海中的奥秘。

在数学的发展过程中,数学符号的作用不可或缺。世界上能不分国家和种族都适用的唯有数学符号,它对数学的发展和推动作用是及其巨大的。第二章主要介绍了从小学到初中,直到高中所学的数学符号,历史上伟大的数学家与数学符号的渊源。

数学是一首诗,很抽象却又很具体;数学是一幅画,妙在似与不似之间。几何图形的世界神奇而美妙,它不仅仅存在于课本上,更存在于我们身边。第三章主要介绍了常见的图形,包括平面图形与几何图形的简单介绍以及古今中外对其的一些研究与应用。

有一个世界,它为现实世界提供了大量有力的工具,它也为精神世界贡献了丰富深刻的思想。第四章主要介绍数学学科区别于其他学科的思维,如巧算与速算、逻辑与推理、直觉与顿悟等,将读者带进数学思维的花园里,在独特的氛围中引导读者深入认识数学真理。

历史长河中,由人类的知识和智慧凝聚而成的那些"规定"及名人名言,可谓集思想洞察力、知识信息量和语言美感于一身。第五章主要介绍了公众耳熟能详的"规定"和名家眼中的数学,通过选取数学发展历程中的部分篇章,展现中外数学家的优秀品质及历史功绩,来呈现数学精神及智慧。

本书的撰写分工如下:第一章由吴红颖负责,第二章由马萍负责,第三章由裘艳负责,第四章及第五章的第一节由徐锋负责,第五章第二节中的 5.2.1—5.2.3 由倪华平负责,5.2.4 由钟浩负责,徐锋对全书做了统稿。湖州师范学院韩祥临教授多次审读书稿,并提出了许多宝贵的意见和建议。浙江省湖州艺术与设计学校给予了经费资助,为本书的编写及出版提供了便利条件。

　　由于编者才疏学浅,在编写过程中难免存在错误和不当之处,敬请读者批评指正。本书参考、引用了许多出版刊物和网络上的相关资料及观点,书末列有主要参考文献,其余恕不一一列举。在此谨向所有支持本书编写和出版的单位及个人致以衷心的感谢!

徐　锋

2020 年 12 月

目　录 *Contents*

1. 神奇的数

　　"数"的繁体字为"數",字的左边意为"双击",引申为"多层"。字的右边意为"敲击",两边合起来意为"逐层点算,击掌确认"。数的本意是点算并确认层数,引申为点算并给出总数。"数"是量度事物的概念,是客观存在的量的意识表述。数是人类最伟大的发明之一,是人类精确描述事物的基础。本章我们就一起来走进奇妙的数的王国。

1.1　数是什么

　　从我们牙牙学语开始,长辈就会尝试让我们数数,"1,2,3,……",再简单不过的数字其实是每个人了解世界的开始。为了了解我们所生存的物质世界,数是不可缺少的工具。我们往往看到数就想到数学,其实对数学理论和应用的理解是从对数的理论和应用的理解开始的。数是我们学习和研究数学的开始,因此,我们就以对数的认识作为出发点。要了解数的本质,必须要用发展的眼光,从人类认识数的历史中寻求动态的解答。

如果我们能够真正地理解什么是数,并且把握数的发展史,我们就能在每一个发现或发明的源头发现人类超凡的智力。

1.1.1 数的起源

数是一个神秘的领域,人类最初对数并没有概念。但是,生活方面的需要,让人类脑海中逐渐有了"数量"的影子。数究竟产生于何时,由于其年代久远,我们已经无从考证。不过可以肯定的一点是,数的概念和计数的方法在有文字记载之前就已经发展起来了。人类最早的数学概念是什么呢?是"有"和"无"。

原始人早晨出去采集或狩猎,晚上回来可能有收获,也可能一无所获。这就是"有"和"无"这两个数学概念产生的实际基础。

其后产生的数学概念是"多"和"少"。刚开始,"多"与"少"只是模糊的概念。今天采集的野果比昨天少一些,可是捕捉到的猎物比昨天多一些——大致如此,没有人认真地去管它。可是到后来,认识逐渐清晰起来,特别是在数量有对比的时候。例如,你抓了 3 只兔子,我抓了 4 只。我们可以一对一比较,你摆出 1 只,我也摆出 1 只;你再摆出 1 只,我又摆出 1 只;你没得摆了,我还可以再摆出 1 只,明显我比你多,你比我少。这里就是兔子的"集合"与"集合"之间的对应关系。

"有"和"无""多"和"少"的数量感觉,甚至在动物中也有萌芽。生物学家做过实验,在某种鸟类和黄蜂的窝边,趁着它们不在,偷偷地增加或减少点什么,比如一根树枝、几根草、几颗泥粒,当它们回来以后,会觉察这些变化。这种能力就是数量的感觉。

生活中这种数与量上的变化,使人类逐渐产生了数的意识。

在那个时候,他们开始了解有与无、多与少的差别,进而知道了一和多的区别,然后又从知道"多"到形成"二""三"等单个数目概念,这是一个不小的飞跃。随着社会的进步和发展,简单的计数就是必需的了,一个部落群体必须知道它有多少成员或有多少敌人,一个人也必须知道他的羊是不是少了。这样,人类的祖先在与大自然的艰难搏斗中,在漫长的生活实践中,由于记事和分配生活用品等方面的需要,逐渐产生了数的概念。相同个数的不同物质彰显出一种共性,一个不与物体的形状、大小或是材质相关的性质,为了表达它,我们必须摒弃所有表面因素,代之以一个更加普适、更加一般的内蕴量,我们称之为"数"。数的产生,标志着人类的思维逐步由直观走向抽象。

1.1.2 两种认知

追溯数的历史不是一种单纯的回顾,而是一种新的综合性、创造性的活动,以求达到对数更深刻的理解。在学习数的基本性质和概念时,有两种认知是最基本的:一种是正确理解概念——概念认知,另一种是会计算——程序认知。

概念认知:正确理解数的概念、数系的基本性质、数系的结构,以及这些数系与它们所反映的现实对象之间的关系。能够用语言、符号和图像表示、描述和解释数量的性质及结构。

程序认知:计算是学好数的基本功,要能用心算、口算、笔算、计算器和计算机完成精确或近似计算。但我们不能只停留在一些常规的可预见的计算上,应该灵活地、有创造性地使用数,并具备组织、操作和解释数量信息的能力。

1.1.3 数的用途

数的用途包含三个方面:计数与测量、排序、编码。

计数与测量:计数与测量是数的最基本的功能,而四则运算直接和计数与测量的对象和目的相关。这是我们从小学就要努力学习的东西。

排序:对某集合的元素进行排序,如竞赛获奖的名次、音乐排行榜等。对排序进行运算是没有意义的。

编码:由许多对象构成的集合中,为每一个对象编写一个不同的号码,以便识别。例如,为学生编学号。我们现在处于信息社会,数有了一种全新的功能,就是对一切信息进行编码。数的这个新功能大大拓展了数学研究和应用的领域,并产生了一系列数学化的新领域。对这样的编号进行运算是没有任何意义的。

1.1.4 数系发展的五个阶段

从简单到复杂,数系的发展可以分为五个主要阶段。它们是:

(1)正整数系(N_+/N^*):仅由正整数组成的数系。

(2)整数系(Z):由正整数、负整数和 0 组成的数系。

(3)有理数系(Q):由整数和分数组成的数系。

(4)实数系(R):由有理数和无理数组成的数系。

(5)复数系。

从逻辑和数学的观点看,这种划分是井然有序的,但是从历史上看,却不是这样。数的历史发展的大体顺序是:自然数,分数,无理数,零,负数,虚数(复数)。数系的每一次扩充都引发了深层次的思考,也都留下了有待解决的新问题。

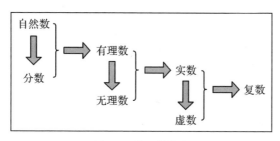

图 1-1　数系的扩充

1.2　各类计数法

英国哲学家伯特兰·罗素曾说:"当人们发现一对雏鸡和两天之间有某种共同的东西(数字 2)时,数学就诞生了。"最早发现的数是自然数。但也局限于分辨一、二等数量的增多。当人们自己的 10 个手指不敷应用时,便开始采用"书契计数""结绳计数"和"画和符号计数"等,直至现在运用最广泛的"阿拉伯数字"等计数方法。

考古表明,虽然地区和民族之间存在差异,但在采用计数方法时,都不约而同地使用过"一一对应"的方法。关于这个方法,在我国还有一则流传已久的笑话:从前,有个目不识丁的大财主,请了一位教书先生来教他儿子识字。第一天,先生在纸上画了一横,说,这是"一"。第二天,先生在纸上画了两横,说,这是"二"。第三天,先生在纸上画了三横,说,这是"三"。财主的儿子学到这儿,把笔一扔,跑过去对他爹说:"识字真是太容易了,我已经全学会了。"财主自然十分高兴,便把先生辞退了。过了几天,财主要请一位姓万的亲戚到家里做客,就让儿子写一份请帖。谁知财主左等右等,从早上一直等到晌午,还不见儿子把请帖拿来,他只好亲自去催。儿子看见父亲来了,便埋怨地说:"天下姓氏那么多,偏偏拣个姓'万'的。从早上到现在,我才画了五百多画,离一万还远着呢。"这虽然是一则笑话,但这种画杠的方法曾经被多个民族所采用。

1.2.1　结绳计数

南宋著名历史学家李心传在所著《建炎以来朝野杂记》中说:"鞑靼无文字,每调发军马,即结草为约,使人传达,急于星火。"这是用结草来调发军马,传达要调遣的人数。其他如藏族、彝族等,虽都有文字,但许多不识字的人还长期使用这种方法。中央民族大学就收藏着一副高山族的结绳,结绳由两条绳组成,每条绳上有两个结,再把两条绳系在一起。

距今约 3 万年的山顶洞人已经开始使用绳子了。山顶洞里发现了有孔的兽牙、海蚶壳、砾石和石珠。他们把这些串起来,挂在脖子上当装饰品。山顶洞人的绳子没有保存下来,他们是不是结绳计数我们也无从得知,但是,每一颗兽牙就代表这个人曾经杀死的一只野兽,他们以此为荣,就像运动员挂了一块奥运会奖牌一样骄傲。

再来看一件有趣的事情。有学者认为,在我国古代使用的甲骨文中,"数"字来自结绳的形象。"数"的反文旁,象形作手,左边则是一根打了许多绳结的木棍,好比用手在绳子上打结计数——"数"者,图结绳而记之也。这就是说,我国远古时代就曾经用结绳来记事表数了。

图1-2 "数"的甲骨文

有趣的是,不但我们东方有过结绳计数,西方也结过绳。传说古波斯王有一次打仗,命令手下兵马守一座桥,要守60天。为了让将士们不少守一天也不多守一天,波斯王在一根长长的皮条上面系了60个扣。他对守桥的官兵们说:"我走后你们一天解一个扣,什么时候解完了,你们就可以回家了。"

近代的秘鲁人,还有存留的"打结字",用一条横绳,挂上许多直绳,拉来拉去地结起来,有点像网,用它来记事和算数。

1.2.2 书契计数

和结绳计数几乎同时出现的计数方法,就是书契了。书契,就是刻、划,在竹、木、龟甲或者骨头、泥板上留下刻痕,留下"记"号。《释名》一书中说:"契,刻也,刻识其数也。"意思是在某种物件上刻画一些符号,以计数。

1974年,我国在青海乐都县(现乐都区)的原始社会末期墓葬中,发现了49枚骨片,骨片的大小形状都差不多,是与小孩的小手指差不多大小,但很薄的一个长方形。在骨片的中部两侧有刻口,有的带 3 个刻口,有的带 5 个刻口,有的带 1 个刻口的。如果一个刻口代表一个数的话,那么这 40 多枚骨片大约可表达从一到五六十间的任何一个自然数。当然,这些小骨片也可用来计算。十分有趣的是,1937 年,人们在维斯托尼斯发现了一根 40 万年前的骨头,是幼狼的小腿骨,上面有 55 道深痕。这是到 2013 年为止,最早的刻痕计数的历史见证。

后来人们把契从中间分开,分作两半,双方各执一半,以两者吻合为凭。《列子·说符》里记载着这样一个故事:有一个宋国人,在路上拾到别人遗失的契,回到家中便把契藏了起来,并偷偷数契上刻的齿数。他以为这些齿代表的钱数不少,非常高兴,情不自禁地对邻居说:"我快要发财了。"这段故事说明古代的契上刻的数目主要用来作为债务的凭证。

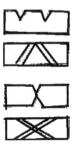

图 1-3　青海省西宁市周家寨出土的仰韶期遗址的骨契图形

1.2.3　画和符号计数

古埃及人和美索不达米亚人在 5000 多年前就开始计数了。古埃及人在一种生长在尼罗河中的水草叶子上计数。他们写的数字就像画画。

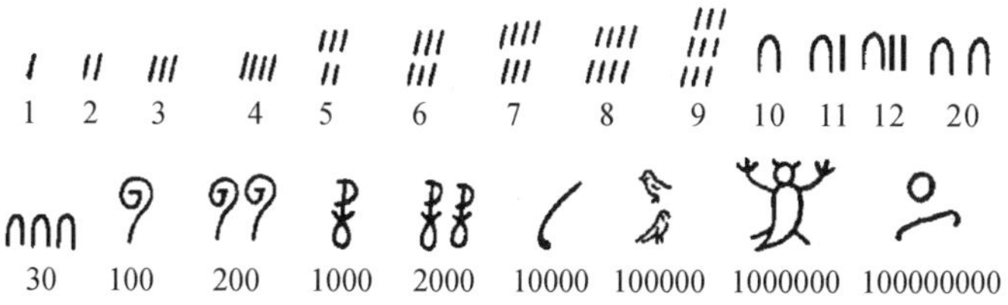

<table>
<tr><td>1</td><td>2</td><td>3</td><td>4</td><td>5</td><td>6</td><td>7</td><td>8</td><td>9</td><td>10</td><td>11</td><td>12</td><td>20</td></tr>
<tr><td>30</td><td>100</td><td>200</td><td>1000</td><td>2000</td><td>10000</td><td>100000</td><td>1000000</td><td>100000000</td></tr>
</table>

图 1-4 古埃及象形文数字

古埃及象形文数字用的是以 10 为基数的计数法,由于没有位值制,所以数的记法比较麻烦,有多少个单位就要重复多少次,如 24 要记为 2 个 10 加上 4:

图 1-5 用古埃及象形文数字计"24"

跟古埃及人差不多时期,两河流域(今伊拉克一带)的古巴比伦人,把他们特有的数字符号写在泥板上并烧制成砖保存下来。巴比伦数字是一种钉头形状的符号,是十进制和六十进制并用的计数方法。

为什么出现六十进制呢?有人认为,因为当地的苏美尔(Sumer)人使用的重量单位"敏那"(Mina),正好是阿卡(Akkad)人的重量单位"舍克"(Shekel)的 60 倍。另外也有人认为,是因为古巴比伦人的天文学很发达,他们把一年分为 360 天,把圆周分为 360 度,每度 60 分,每分 60 秒。这种六十进制一直沿用到现在。

古希腊《荷马史诗》中描写过的地中海明珠——克里特岛,在公元前 2000 年出现了一种数字符号系统,它与古埃及数字符

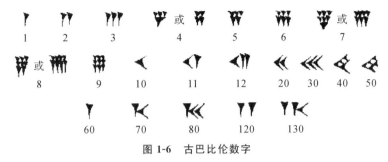

图 1-6 古巴比伦数字

号系统有相似之处,但写法做了些简化。其基本符号为:个位数起初用黑点(后来改用一竖),十位数用一横,百位数用圆圈,千位数用圆圈带短道,万位数在千位数符号的圆圈中加一短横。此外还有表示相加的特殊方法。

I	—	○	○	⊖	○○≡‖‖‖‖
1	10	100	1000	1000	237

图 1-7 古克里特计数符号

这种计数法影响到了古希腊,最初,古希腊人用表示数位读音的首位字母来代替相应的位数,比如 Δ(Δεκα)表示十位数,H(Hεκτο)表示百位数,X(Xιλο)表示千位数。3420 就写成希腊字母 XXXHHHHΔΔ。

到了公元前 5 世纪,古希腊人采用了伊奥尼亚(Ionia)数字符号系统。用希腊字母表的 24 个字母和外来的 3 个字母(F f,Qq,Шш)来表示 1—9 的个位数、10—90 的十位数、100—900 的百位数,共 27 个基本符号。至于千位数,就在相应数字符号左下角画一道杠,表示乘 1000 倍。

采用这种"字母表计数法"的唯一好处是使得一些大数目简单好写,缺点是计算困难。

后来,其他许多民族(斯拉夫、亚美尼亚、格鲁吉亚)都在古

Aα	Bβ	Γγ	Δδ	Eε	Ff	Zζ	Hη	Θθ
1	2	3	4	5	6	7	8	9
Iι	Kκ	Δδ	Mμ	Nν	Ξξ	Oo	Ππ	Qq
10	20	30	40	50	60	70	80	90
Pρ	Σσ	Tτ	Yυ	Φφ	Xχ	Ψψ	Ωω	Шш
100	200	300	400	500	600	700	800	900

图 1-8　古希腊计数符号

希腊这套数字符号系统的基础上,建立了自己的字母表计数法。此外,古希腊还在腓尼基人的影响下产生了一种阿提喀(Attika)数字符号系统,它采用了十进制与五进制相结合的计数方法。

公元前 5 世纪,古希腊在阿提喀数字符号系统的影响下产生了罗马计数法。后来,古罗马人打败了古希腊人,成为地中海的霸主,并建立了包括欧洲南部、英吉利大部、非洲北部、西亚大部地区在内的古罗马帝国,古希腊语作为教学用的语言被保留下来,罗马数字符号也在古罗马帝国范围内广泛使用。

罗马计数法采用十进制与五进制相结合,7 个基本符号中有 4 个符号(I、X、C、M)建立在十进制基础上,三个符号(V、L、D)建立在五进制基础上。在计数法中,不仅使用了加法,而且使用了减法。例如,11 写成 XI,是 X(10)加 I(1);4 写成 IV,而不是写成 IIII(4 个 I),IV 表示 V(5)减 I(1)。

I	V	X	L	C	D	M
1	5	10	50	100	500	1000

加法表示数示例:VI=V+I=6　CX=C+X=110
减法表示数示例:IV=V−I=4　XC=C−X=90

图 1-9　古罗马记数符号

现在发现的我国最早的数字,记录在公元前1400年前的殷代甲骨文上。周代青铜器铭文中的数字写法,与甲骨文大同小异。

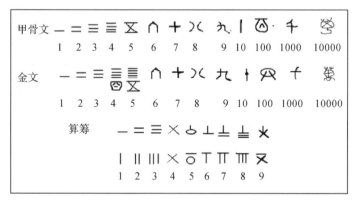

图1-10　中国古代计数符号

我国古代的计算方法,不是用计数文字直接进行的,而是借助一种叫"算筹"的工具,很有特色。上古时代,人们用树枝来计数,后来逐渐形成了一套计算方法,小树枝也逐渐变成了竹、铁、牙制的算筹。利用算筹可以进行整数和分数的加、减、乘、除、开方等各种运算。直到明代,2000多年间,这种算筹一直是我国的主要计算工具。最早出现算筹,据说是在公元前4世纪的战国时代。

现在知道的最早的玛雅文字,是公元前4世纪的石碑上的铭文。玛雅人计数的方法是在跟亚洲、非洲、欧洲文化完全隔绝的情况下产生和发展起来的。他们用点、横、椭圆三种符号,就能写出任何自然数。其中"点"表示1,"横"表示5,"圆圈"则表示相应的数乘以20(计算时间时则乘18)。

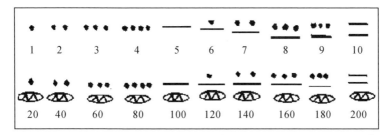

图 1-11　玛雅计数

随着古罗马帝国的衰落,数学研究的中心由亚历山大里亚转移到古印度。公元 5 世纪,古印度数学家创制了"零"的数字符号,开始是用一个圆点"·",后来用一个圆圈"○"。"0"的数字符号出现,是对计数法的重要贡献,没有"0",任何计数法的竖式运算都非常复杂。

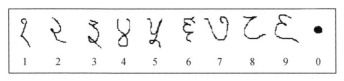

图 1-12　古印度计数符号

古印度的数字符号系统建立在四条严格的原则基础上:

(1)位置计数制,从右到左,个位、十位、百位……逐位上升。

(2)十进制,逢十进一。

(3)加法制,实际数值为各位置数值相加的和。

(4)只用 0 至 9 的十个基本符号。

古印度的数字符号系统,引起了计算技术的革命,之后产生了"九九"乘法表、开方法以及三角函数表。这套符号系统,也为科技符号语言的产生和发展开了个好头。

古印度计数方法传到中国是在唐代(公元 7 世纪),可惜没有在当时的中国流传开来,后来又经过阿拉伯流传到欧洲。

1.2.4 阿拉伯计数符号

公元 7 世纪,伊斯兰教的创始人穆罕穆德统一了阿拉伯,之后的 3 个世纪内,阿拉伯帝国向西通过北非扩展到西班牙,向东穿越西亚一直达到印度河流域。公元 762 年,巴格达成为阿拉伯帝国的首都。从公元 9 世纪到文艺复兴以前,它一直是世界学术的中心。大约在公元 800 年,古印度商人把印度数字符号带到了巴格达。阿拉伯人将它们稍加改动,加以推广使用。到公元 10 世纪,这套数字符号传到了西班牙,从此被称为"阿拉伯数字"。在阿拉伯数字符号的流传过程中,东方阿拉伯人写的形态,与西方阿拉伯人写的形态渐渐产生差别。

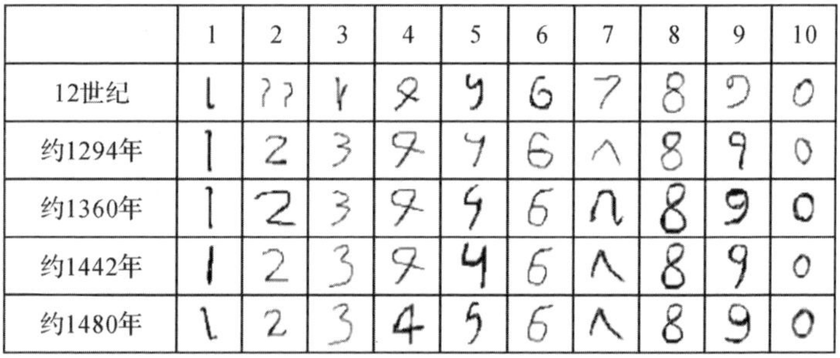

	1	2	3	4	5	6	7	8	9	10
12世纪	�	??	ᒝ	8	५	6	7	8	ᓇ	○
约1294年	1	2	3	⅌	५	6	∧	8	9	○
约1360年	1	2	3	⅌	५	6	∩	8	9	○
约1442年	1	2	3	⅌	4	6	∧	8	9	○
约1480年	⌊	2	3	4	5	6	∧	8	9	○

图 1-13 阿拉伯数字形态演化表

欧洲人对阿拉伯数字符号系统做了进一步的完善,16 世纪发明了十进小数制,17 世纪发明了指数计数法。

阿拉伯数字在世界范围的流传又经过了几百年时间。公元12 世纪以后,西欧商人开始接受阿拉伯数字及其计数法,但在之后的几百年的时间内,阿拉伯数字遇到了旧习惯势力的抵制。在 1299 年佛罗伦萨的"交易法"中,明文禁止银行使用阿拉伯数字,规定使用罗马数字。在东欧,希腊数字仍长期沿用,俄罗斯直到 18 世纪才用阿拉伯数字及其计数法取代原有的斯拉夫——基利尔字母表计数法。阿拉伯数字在中国开始使用,是在 19 世纪初清政府被推翻之后。

从计数符号及计数方法的演变来看,人们为了记录数值和探索计数方法,经过了几千年的努力。其过程十分复杂,从一个民族到另一个民族,从地球的一个区域转到另一个区域,与政治中心和经济繁荣紧紧结合在一起,是一件十分不容易的事。

1.3 数系的演变

提到数,大家都不陌生。四五岁的儿童,可能能够数十以内的数,但是某些数还分不清楚。到了 7 岁的时候,可能就认识了自然数,当然里面包括了零。伴随着小学教育,减法运算的引入,使得他们可以从亏欠的角度理解负数,比如 1 减去 3 是 -2。而接触负数后,他们已经能够理解整数问题。三年级的时候,要学习除法,这时候面临着除不尽的问题,比如 7 个苹果 3 人平分怎么办?于是不得不接触分数,实际上就是有理数。有理数可以写成 $P/Q(Q \neq 0)$ 的形式。到了初中,我们又学习了无理数,解决了开方开不尽的问题,数的范围进一步扩充为实数。在高中,我们为了解方程又引入了虚数单位 i,数系最终达到复数系。时至今日,数系已构造得非常的完备和缜密。然而你是否知道,数系的形成和发展并非完全遵循上述演变过程,又是否知道人类智慧在此过程中经历的种种曲折和艰辛。

1.3.1 有理数域

数的概念最初不论在哪个地区都是从 $1,2,3,4\cdots\cdots$ 这样的自然数开始的,但是计数的符号却不相同。今天所说的阿拉伯计数方法是一种位置制计数法,位置制计数法的出现,标志着人类掌握的数的语言,已从少量的文字个体,发展到了一个具有完善运算规则的数系。人类第一个认识的数系,就是常说的"自然数系"。

随着生产、生活的需要,人们发现,仅仅用自然数是远远不够的。一旦要知道一块地的面积,一段绳子的长度,一块肉或一袋面粉的重量,自然数就不够用了。也就是说,人们在生产和生活中开始使用尺子、量器和称的时候,分数就应运而生了。

中国古代的数学著作《九章算术》(成书于公元 1 世纪左右)里最早论述了分数运算的系统方法。分数运算在印度出现于 7世纪,比我国晚 500 多年。欧洲比中国还要再迟 1400 多年。

同样,负数也是在生产实践中发现的。人们在生活中经常会遇到各种相反意义的量。比如,在记账时有余有亏;在计算粮仓存米时,有时要记进粮食,有时要记出粮食。为了方便,人们就考虑用相反意义的数来表示。于是人们引入了正负数这个概念,把余钱、进粮食记为正,把亏钱、出粮食记为负。我国三国时期的数学家刘徽在建立负数的概念上有重大贡献。刘徽首先给出了正负数的定义,他说:"今两算得失相反,要令正负以名之。"意思是说,在计算过程中遇到具有相反意义的量,要用正数和负数来区分它们。

我国古代著名的数学专著《九章算术》中,最早提出了正负数加减法的法则:"正负数曰:同名相除,异名相益,正无入负之,负无入正之;其异名相除,同名相益,正无入正之,负无入负之。"这里的"名"就是"号","除"就是"减","相益""相除"就是两数的绝对值"相加""相减","无"就是"零"。用现在的话说就是:"正负数的加减法则是:同符号两数相减,等于其绝对值相减,异号两数相减,等于其绝对值相加。零减正数得负数,零减负数得正数。异号两数相加,等于其绝对值相减,同号两数相加,等于其绝对值相加。零加正数等于正数,零加负数等于负数。"

这段关于正负数的运算法则的叙述是完全正确的,与现在的法则完全一致。负数的引入是我国古代数学家杰出的贡献之一。从古代概念到现代概念的过渡是艰难而缓慢的,令人难以置信的是,人类完全理解负数所用的时间比发明微积分的时间还要长。

正整数、负整数和零,统称为整数。如果再加上正分数和负分数,就统称为有理数。有了这些数字表示法,人们计算起来感到方便多了。

1.3.2 实数域

在数字的发展过程中,一件不愉快的事情发生了。在公元前4世纪左右,古希腊有一个毕达哥拉斯学派,它是一个研究数学、科学和哲学的团体。他们的基本观点之一是"万物皆数",又认为数就是正整数,正整数也就是组成物质的基本粒子——原子。他们觉得线段好比是一串珠子,两条线段长度之比,也就是各自包含的小珠子的个数比。当然可以用整数之比——分数——表示。但是学派中的一个青年希帕苏斯却发现正方形的边长与对角线之比不能用整数比表示，即$\sqrt{2}$不是分数。他百思不得其解，最后认定这是一个从未见过的新数。这个新数的发现，使毕达哥拉斯学派感到震惊，动摇了他们哲学思想的核心。为了保证支撑世界的数学大厦不要坍塌，希帕苏斯被丢进大海淹死了。这就是第一个无理数$\sqrt{2}$诞生的过程。无理数的发现，击碎了毕达哥拉斯学派"万物皆数"的美梦，同时暴露出有理数系的缺陷：一条直线上的有理数虽然"稠密"，但是却露出了许多"孔隙"，而且这种"孔隙"多得"不可胜数"。这样，古希腊人把有理数视为连续衔接的那种算术连续统的设想，就彻底地破灭了。

400多年后，人们已会计算许多角度的三角函数值，这些值绝大多数是无理数。到了1500年后，人们不但会解二次方程式，而且开始解一些特殊的三次方程式了。这些方程的根，很多是无理数。又过了不到100年，纳皮尔发现了对数。我们知道，有理数的对数大部分是无理数。无理数的广泛使用，促使越来越多的数学家开始探讨无理数的实质。

无理数是什么？法国数学家柯西给出了回答：无理数是有理数序列的极限。然而按照柯西的极限定义，所谓有理数序列的极限，即预先存在一个确定的数，使它与序列中各数的差值，当序列趋于无穷时，可以任意小。但是，这个预先存在的"数"，又从何而来呢？在柯西看来，有理序列的极限，似乎是存在的。这表明，柯西尽管是那个时代的大分析学家，但仍未能摆脱2000多年来以几何直觉为立论基础的传统观念的影响。

1872 年是近代数学史上最值得纪念的一年。这一年,克莱因(F. Kline,1849—1925)提出了著名的"埃尔朗根纲领"(Erlangen Program),卡尔·魏尔期特拉斯(Karl Weierstrass,1815—1897)给出了处处连续但处处不可微的函数的著名例子。也正是在这一年,实数的三大派理论:戴德金"分割"理论,康托的"基本序列"理论,以及维尔斯特拉斯的"有界单调序列"理论,同时在德国出现了。实数的三大派理论本质上是对无理数给出严格定义,从而建立了完备的实数域。实数域的成功构造,使得 2000 多年来存在于算术与几何之间的鸿沟得以完全填平,无理数不再是"无理的数"了,古希腊人的算术连续统的设想,也终于在严格的科学意义下得以实现。

1.3.3　复数域

从自然数逐步扩大到实数,数是否够用了? 够不够用,还要看是否能满足实践的需要。在研究一元二次方程 $x^2 + 1 = 0$ 时,人们提出了一个问题:在实数范围内 $x^2 + 1 = 0$ 是没有解的,如果硬把它算出来,能得到什么结果呢?

由 $x^2+1=0$,得 $x^2 = -1$。两边同时开平方,得 $x = \pm\sqrt{-1}$(通常把 $\sqrt{-1}$ 记为 i)。

$\sqrt{-1}$ 是什么数? 是数吗? 关于这个问题的正确答案,经历了一个很长的探索过程。

16 世纪的意大利数学家卡尔丹和邦贝利在解方程时,首先引进了 $\sqrt{-1}$,还对它进行过运算。

17世纪,法国数学家和哲学家笛卡尔把$\sqrt{-1}$叫作"虚数",意思是"虚假的数""想象当中的,并不存在的数"。他把人们熟悉的有理数和无理数称为"实数",意思是"实际存在的数"。

数学家对虚数是什么样的数,一直感到神秘莫测。笛卡尔认为"虚数是不可思议的"。一直到18世纪,大数学家莱布尼茨还以为"虚数是神灵美妙与惊奇的避难所,它几乎是又存在又不存在的两栖动物"。

随着数学研究的进展,数学家发现像$\sqrt{-1}$这样的虚数非常有用,后来记有形如$2+3\sqrt{-1}$,$6-5\sqrt{-1}$的数。一般地,把$a+b\sqrt{-1}$记为$a+bi$,其中a,b为实数,这样的数叫作复数。

当$b=0$时,就是实数;当$b\neq0$时,叫作虚数;当$a=0,b\neq0$时,叫作纯虚数。

虚数作为复数的一部分,也是客观存在的一种数,并不是虚无缥缈的。由于引进了虚数单位$\sqrt{-1}=i$,开阔了数学家的视野,解决了许多数学问题。如负数在复数范围内可以开偶次方,因此在复数范围内,加、减、乘、除、乘方、开方六种运算总是可行的;在实数范围内,一元n次方程不一定总是有根的,比如$x^2+1=0$在实数范围内就无根,但是在复数范围内,一元n次方程总有n个根。复数的建立不仅解决了代数方面的问题,也为其他学科和工程技术解决了许多问题。

自然数、整数、有理数、实数、复数,人类认识的数的概念,在不断地向外扩充。

数的概念发展到虚数和复数以后,在很长一段时间内,连某些数学家也认为数的概念已经十分完善了,数学家族的成员已经都到齐了。可是,在 1843 年 10 月 16 日,英国数学家哈密尔顿又提出了"四元数"的概念。所谓四元数,就是一种形如 $a+bi+cj+dk$ 的数,其中 $i^2=j^2=k^2=-1$。四元数在数论、群论、量子理论以及相对论等方面有广泛的应用。与此同时,人们还开展了对"多元数"理论的研究。多元数实际上已超出了复数的范畴,人们称其为超复数。

由于科学技术发展的需要,向量、张量、矩阵、群、环、域等概念不断产生,把数学研究推向新的高峰。这些概念也都应列入数字计算的范畴,但若归入超复数中不太合适,所以,人们将复数和超复数称为狭义数,把向量、张量、矩阵等概念称为广义数。尽管人们对数的归类法还有些分歧,但在承认数的概念还会不断发展这一点上意见是一致的。到目前为止,数的家族已发展得十分庞大。

1.4　特殊的数

5000 年的人类文明给我们留下了浩瀚无边的知识大海。在汪洋大海中最古老最深沉的是数。渺茫的数海有着许多迷人的魅力,只要人类存在一天,都要试着去解释数字的某些规律,还会发现新的数的性质,这是一个永久性的研究课题。

关于数的应用,有的已得到应用,有的尚未得到应用,但我们相信,数都是有用的,因为就像"天生我材必有用"一样,只不过有的数的作用尚未被我们发现罢了。在本节,我们将集中介绍一些神秘又有趣的数。

1.4.1　自然数

　　自然数,是数学当中一类数字的概念,自然数是包含数字 0 在内的正整数的集合,我们也可以单独将一个正整数称为自然数,自然数可以用来计量生活中事物的次序,抑或是件数,自然数有无数个。

　　根据数字的奇偶性,我们又可以将自然数分为奇数和偶数这两个大类,数字 0 属于特殊的偶数。另外我们还可以将自然数称为是 0、1、合数和素数的集合。所谓的合数指的就是能够被数字 1 和数字本身之外的正整数(数字 0 除外)整除的正整数。素数又叫质数,指只能够被数字 1 和数字本身(除了 1 和 0)整除的正整数。

　　任意的自然数一定是整数,并且一定是大于或者等于 0 的数。对于自然数的运算,在加法和乘法运算中,最后得出的结果一定是自然数,在减法和除法运算中,最后得出的结果则不一定是自然数。

1.4.2　循环小数

　　两个整数相除,如果商不是整数,会有两种情况:一种,商是有限小数;另一种,商是无限小数。

　　从小数点后某一位开始依次不断地重复出现前一个或一节数字的十进制无限小数,叫作循环小数,分为纯循环小数(如 35.232323…,20.333333…)和混循环小数(如 2.1666…,

0.1234234234…），其中依次循环不断重复出现的数字叫循环节。

循环小数的缩写法是将第一个循环节以后的数字全部略去，在第一个循环节首末两位上方各添一个小点。例如：

2.966666…缩写为 2.9$\dot{6}$（读作"二点九六，六循环"）。

35.232323…缩写为 35.$\dot{2}\dot{3}$（读作"三十五点二三，二三循环"）。

36.568568…缩写为 36.$\dot{5}6\dot{8}$（读作"三十六点五六八，五六八循环"）。

循环小数可以利用等比数列求和的方法化为分数，所以循环小数均属于有理数。

将纯循环小数改写成分数，分子是一个循环节的数字组成的数，分母各位数字都是 9，9 的个数与循环节中的数字的个数相同。

例如：0.111…＝1/9，0.12341234…＝1234/9999。

将混循环小数改写成分数，分子是不循环部分与一个循环节的数字连成的数，减去不循环部分数字组成的数，分母的头几位数字是 9，末几位数字是 0，9 的个数跟循环节的数位相同，0 的个数跟不循环部分的数位相同。

例如：0.1234234234…＝（1234－1）/9990，0.55889888988898…＝（558898－55）/999900。

1.4.3　圆周率

《π的自然与历史》一书的作者威廉·舒哈夫曾经说过："世上应该再也没有其他的数学符号能够像π这样神秘、浪漫，容易让人产生误解和兴趣的了。"甚至可以说"提到 π, 就相当于是提到数学"。

关于圆的周长与直径的比, 也就是圆周率 π 的最早记录, 可以追溯到大约 4000 年以前的古埃及时期。在公元前, π 就已经被人们注意到了。然而, 那时还没有圆周率这样一个明确的词语或是 π 这样一个明确的符号。π 这个符号是由英国数学家威廉·琼斯 (William Jones, 1675—1749) 首先引入, 由欧拉等学者在 18 世纪中叶开始使用并广泛推行的。其实, 公元前 2000 年左右的古巴比伦人就已经掌握了圆周率的大概数值, 并认为其等于 3 或者 $3\frac{1}{8}$。古人们认为圆周率的值为"3 多一点"。

紧随其后的古埃及人认为, "圆周率的数值为 $4 \times \left(\frac{8}{9}\right)^2$", 这个信息被记载在莎草纸上, 通过计算可以得出这个数值为 3.16049…, 与现在我们测算得到的的 π＝3.14159 非常接近。

过了很长一段时间后, 欧几里得 (约前 330—前 275) 在《几何原本》中阐述道: "圆周与直径的比为定值。"然而, 关于这个定值, 也就是 π 的值, 欧几里得却并未做出任何阐述。实际上, 直到公元前 250 年左右, 阿基米德 (前 287—前 212) 才对 π 的值提出系统性的、相似的推导方法, 并最终测算出一个近似值。如图 1-17 所示, 先求出与圆内接的正六边形的周长, 以此作为圆周长的下限值; 再以同样的方法求出与圆外接的正六边形的周长, 以此作为圆周长的上限值。由此即可求出圆周率的近似值, 得出: 3＜π＜3.464…。

虽然使用这一方法求出来的 π 的近似值与古埃及文明的 3.16049…相比, 数值非常粗略, 但是阿基米德从正六边形开始

计算,再到正十二边形、正二十四边形……,最终使用正九十六边形得出了极其精确的数值:

$$3+\frac{10}{71}=3.1408\cdots<\pi<3+\frac{1}{7}=3.1428\cdots$$

上述 2 个数的平均值约为 3.141851,与现代我们计算出的 π 近似值相差在万分之三以内,具有惊人的精确度。

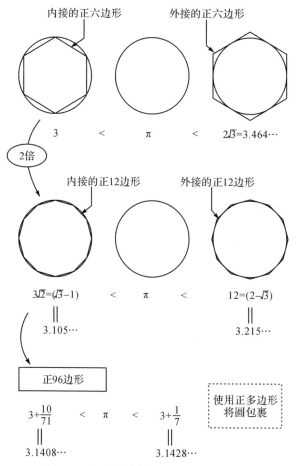

图 1-14　阿基米德推导 π 的近似值的方法

在古埃及和古希腊等地区,从遥远的公元前就已经开始计算 π 的近似值了。中国的情况又如何呢?

表1　古代中国对 π 的近似值的认知

公元前	主要按 π＝3 来计算
2 世纪	张衡(78—139):π＝$\sqrt{10}$＝3.1622…
3 世纪	王蕃(229—267):π＝$\dfrac{142}{45}$＝3.1555…
	刘徽:使用阿基米德的方法(正 3072 边形),π≈3.1416
5 世纪	祖冲之(429—500):使用阿基米德的方法(正 24576 边形),3.1415926＜π＜3.1415927

如表所示,5 世纪时,我国南北朝时期著名数学家祖冲之使用与圆内切的正 24576 边形求出 π 的值在 3.1415926 和 3.1415927 之间,精确到了小数点后第 7 位。在之后的 800 年里,祖冲之计算出的这个 π 值都是最准确的。

人类对于 π 的值的探求,就像在探索一条永远没有尽头的道路。1873 年,威廉·香克斯将 π 求到了小数点后第 707 位,这在当时是一个突破性的纪录,此后的 70 多年里都未被人打破。1946 年,D.F.费格森将 π 计算到了小数点后第 710 位,并且发现香克斯的计算结果从小数点后第 528 位出现了错误。次年,费格森又利用计算器将 π 的值求到了小数点后第 808 位。

1948 年,世界上第一台计算机 ENIAC 问世。1949 年,通过使用 ENIAC,赖脱威逊、冯·诺依曼、蒙特卡洛等人仅用了 70 多个小时就把 π 求到了小数点后第 2037 位。此后,对 π 的探求进入了使用计算机激烈竞争的时期,求出的小数位数也突飞猛进。如今,人们通过计算机,已经将 π 计算到万亿位。虽然有些悲伤,但是我们不得不承认,通过人力去探求 π 的值的那个浪漫时代,已经离我们远去了。

我们现在计算时,一般取 π 的近似值 3.14,其实它是一个无限不循环小数。不少人以准确背出 π 的小数点后几位来比赛,你不妨也试试?

$\pi = 3.1415926535$ 8979323846 2643383279 5028841971 6939937510 5820974944 5923078164 0628620899 8628034825 3421170679…

用到 π 的公式很多。我们首先想到的就是与 π 无法分割的圆。假设圆的半径为 r,周长为 C,面积为 S。利用 π 的定义(π 等于圆周长除以直径)得到: $\pi = \dfrac{C}{2r}$ 。将其变形可以得到求圆周长的公式: $C = 2\pi r$ 。

其次,圆的面积可以通过以下公式求得: $S = \pi r^2$ 。

此外,在球的表面积公式 $S = 4\pi r^2$ 和体积公式 $V = \dfrac{4}{3}\pi r^3$,或者圆锥和圆台的侧面积、表面积和体积等公式中, π 也是不可或缺的。

1.4.4 黄金分割数

把一条线段分割为两部分,使其中一部分与全长之比等于另一部分与这部分之比,即 $\dfrac{a}{a+b} = \dfrac{b}{a}$ 。其比值是一个无理数,其保留 3 位小数的近似值是 0.618。按此比例设计的造型十分美丽,因此称为黄金分割(Golden Section),也称为黄金比。

这是一个有趣的数字,通过简单的计算,我们发现:$\frac{1}{0.618} \approx$ 1.618,$\frac{1-0.618}{0.618} \approx 0.618$。

图 1-15　黄金分割数

这个数值的作用不仅体现在绘画、雕塑、音乐、建筑等艺术领域,在管理、工程设计等方面也有着不可忽视的作用。

2000 多年前,古希腊雅典学派的第三大算学家欧道克萨斯首先提出黄金分割。所谓黄金分割,指的是把长为 L 的线段分为两部分,使其中一部分对于全部之比,等于另一部分对于该部分之比。而计算黄金分割最简单的方法,是计算斐波那契数列 1,1,2,3,5,8,13,21,…,后两个数之比 2/3,3/5,5/8,8/13,13/21,…的近似值。斐波那契数列是一个自然出现的数字序列,你可以在任何地方找到它,自然界中,一些植物的花瓣、萼片、果实的数目与排列方式,往往是符合斐波那契数列的。

其实有关"黄金分割",我国也有记载。虽然没有古希腊早,但它是我国古代数学家独立发现的,后来传入了古印度。经考证,欧洲的比例算法是从我国经过古印度由阿拉伯传入欧洲的,

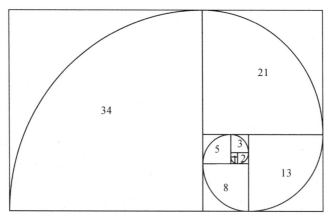

图 1-16　斐波那契数列

而不是直接从古希腊传入的。

　　因为它在造型艺术中具有美学价值，在工艺美术和日用品的长宽设计中，采用这一比值能够使人们产生美感，所以在实际生活中的应用非常广泛，建筑物中某些线段的比就采用了黄金分割，舞台上的报幕员并不是站在舞台的正中央，而是偏在台上一侧，以站在舞台长度的黄金分割点的位置最美观。就连植物界也存在黄金分割，如果从一根嫩枝的顶端向下看，就会看到叶子是按照黄金分割的规律排列着的。在科学实验中，选取方案常用一种优选法，它可以使我们合理地安排较少的试验次数找到合理的想法和合适的工艺条件。正因为它在建筑、文艺、工农业生产和科学实验中有着广泛而重要的应用，所以人们才珍重地称它为"黄金分割"。

　　黄金分割是一种数学上的比例关系。黄金分割具有严格的比例性、艺术性、和谐性，蕴藏着丰富的美学价值。应用时一般取 0.618，就像圆周率在应用时经常取 3.14 一样。

图 1-17　名画中的黄金分割比

1.4.5　勾股数

勾股数，又名毕氏三元数。勾股数就是可以构成一个直角三角形三边的一组正整数。勾股定理：直角三角形两条直角边 a、b 的平方和等于斜边 c 的平方（$a^2+b^2=c^2$）。

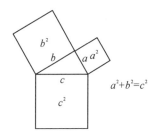

图 1-18　图形化的勾股数

勾股定理在西方被称为 Pythagoras 定理，它以公元前 6 世纪希腊哲学家和数学家毕达哥拉斯的名字命名。勾股定理是数学中最重要的基本定理之一，因为它的推论和推广有着广泛的应用。它也是古代文明中最古老的定理之一,实际上比 Pythagoras 早 1000 多年的古巴比伦人就已经发现了这一定理,在 Plimpton 322 泥板上的数表提供了这方面的证据,这块泥板的年代大约是在公元前 1700 年。对勾股定理的证明方法,从古至今已有 400 余种。我国古代《周髀算经》亦有记载。

表 1-1　常见勾股数表

常见组合	20 以内	20 以上
3,4,5 (口诀:勾三股四弦五); 5,12,13; (口诀:我要爱一生); 6,8,10; (口诀:连续的偶数); 8,15,17; (口诀:八月十五在一起)	3,4,5; 5,12,13; 6,8,10; 8,15,17; 9,12,15	7,24,25;9,40,41;10,24, 26;11,60,61;12,16,20; 12,35,37;13,84,85;14, 48,50;15,20,25;15,36, 39;15,112,113;16,30, 34;16,63,65;18,24,30; 18,80,82;20,21,29;20, 48,52;20,99,101;…

1.4.6　完美数与亲和数

如果一个数恰好等于它的因子之和,则称该数为"完全数",又称"完美数"或"完备数",是一些特殊的自然数。它所有的真因子(除了自身以外的约数)的和恰好等于它本身。

例如:第一个完全数是 6,它有约数 1,2,3,6,除去它本身 6 外,其余 3 个数相加,$1+2+3=6$。第二个完全数是 28,它有约数 1,2,4,7,14,28,除去它本身 28 外,其余 5 个数相加,$1+2+4+7+14=28$。第三个完全数是 496,有约数 1,2,4,8,16,31,62,124,248,496,除去其本身 496 外,其余 9 个数相加,$1+2+4$

＋8＋16＋31＋62＋124＋248＝496。后面的完全数还有8128,33550336等。

　　毕达哥拉斯学派把自然数分为三类:完全数、不足数和过剩数(又叫盈余数),后面两类数的意思依次是:一个自然数的各个因数(除它本身外的约数)之和小于、大于这个自然数。

　　完全数的概念被提出后,吸引了众多数学家与业余爱好者。完全数对他们一直有一种特别的吸引力,吸引他们没完没了地找寻这一类数字。但寻找完全数并不是一件容易的事。经过不少数学家研究,到2018年为止,一共找到了51个完全数。奇怪的是,已发现的51个完全数都是偶数,会不会有奇完全数存在呢?如果存在,它必须大于10^{300}。至今无人能回答这些问题。尽管没有发现奇完全数,但是当代数学家奥斯丁·欧尔证明,若有奇完全数,则其形式必然是$12^p＋1$或$36^p＋9$的形式,其中p是素数。在10^{300}以下的自然数中,奇完全数是不存在的。

　　亲和数,又称相亲数、友爱数、友好数,指两个正整数,彼此的全部约数之和(本身除外)与另一方相等。毕达哥拉斯曾说:"朋友是你灵魂的倩影,要像220与284一样亲密。"

　　220的因数之和为$1＋2＋4＋5＋10＋11＋20＋22＋44＋55＋110＝284$,284的因数之和为$1＋2＋4＋71＋142＝220$,所以220和284是一对亲和数。

　　常言道,知音难觅,寻找亲和数更使数学家绞尽了脑汁。亲和数是数论王国中的一朵小花,它有漫长的发现历史和美丽动人的传说。320年左右,古希腊毕达哥拉斯首次发现亲和数220与284,这也是人类认识的第一对亲和数。1636年,费马发现了另一对亲和数:17296和18416。1638年,笛卡儿发现了一对亲和数：9363584 和 9437056。莱昂哈德·欧拉也研究过亲和数这个课题。1750 年，他一口气向公众抛出了 60 对亲和数，包括 2620 和 2924，5020 和 5564，6232 和 6368，……，引起了轰动。

目前，人们已找到了 12000000 多对亲和数。但亲和数是否有无穷多对，亲和数的两个数是否都是或同是奇数，或同是偶数，而没有一奇一偶等，这些问题还有待继续探索。目前我们所知的一对最大的亲和数是 H. J. 莱尔在 1974 年提出的两个 152 位数：

$$m = 3^4 \cdot 5 \cdot 11 \cdot 52^{19} \cdot 29 \cdot 89(2 \cdot 1292 \cdot 5281^{19} - 1),$$
$$n = 3^4 \cdot 5 \cdot 11 \cdot 5281^{19}(2^3 \cdot 3^3 \cdot 5^2 \cdot 1291 \cdot 5218^{19} - 1).$$

1.4.7 费马数与梅森数

形状是 $2^{2^n} + 1$ 的数叫作费马数。

费马是法国的一个业余数学家，利用公务之余钻研数学。他在数论、解析几何、概率论等方面都有重大贡献，被誉为"业余数学家之王"。

图 1-19 费马

他首先考察了数列 $5, 17, 257, 65537, \cdots$，它的一般项是 $F(n) = 2^{2^n} + 1$。后人把形如 $2^{2^n} + 1$ 的数叫作费马数。费马观察到这数列的头 4 项是素数，他就猜测其随后各项都是素数。但在 1732 年，大数学家欧拉证明了 $F(5) = 2^{2^5} + 1 = 641 \times 6700417$ 能被 100 整除，不是素数。

后来，人们又发现了 46 个费马数是合数。这些费马数是 $F(6), F(7), F(8), F(9), F(10), F(11), F(12), F(13), F(14), F(15), F(16), F(18), F(19), F(21), F(23), F(25), F(26), F(27), F(30), F(32), F(36), F(38), F(39), F(42), F(52), F(55), F(58), F(63), F(73), F(77), F(81), F(117), F(125), F(144), F(150), F(207), F(226), F(228), F(250), F(267), F(268), F(284), F(316), F(452), F(1945)$。

当 $n = 17, 20, 22, 24, \cdots$ 时，人们还不知道 $F(n)$ 是素数还是合数。

在费马数中，是否有无穷多个素数？或者是否有无穷多个合数？都是还未解决的问题。费马数与尺规作图问题有深刻的内在联系。

梅森素数是比 2 的幂次小 1 的素数。也就是说，对于某个整数 n，它是形如 $M_n = 2^n - 1$ 的素数。它们是以在 17 世纪早期研究它们的法国最小兄弟会修道士马林·梅森的名字命名的。

当梅森素数的指数 n 是 $2, 3, 5, 7, 13, 17, 19, 31, \cdots$（在 OEIS 中的序列是 A000043）时，由此产生的梅森素数是 $3, 7, 31, 127, 8191, 131071, 524287, 2147483647, \cdots$（在 OEIS 中的序列是 A000668）。

如果 n 是一个合数，那么 $2^n - 1$ 也是合数（$2^{ab} - 1$ 能同时被

2^a-1 和 2^b-1 整除)。因此,这个定义相当于对素数 p,形如 M_p $=2^p-1$ 的数也是素数。

更一般地,不带素性要求的形如 $M_n=2^n-1$ 的数可以称为梅森数。然而,有时梅森数被定义时有附加要求,即 n 是素数。素数指数为 n 的最小梅森合数是 $2^{11}-1=2047=23\times89$。

梅森素数 M_p 因与完全数相关而值得注意。

截至 2018 年 12 月,共发现了 51 个梅森素数。已知的最大素数 $2^{82589933}-1$ 是梅森素数。自 1997 年以来,所有新发现的梅森素数都被互联网上的分布式计算项目——因特网梅森素数大搜索(GIMPS)发现。

2. 多彩的符号

在世界上能不分国家和种族都适用的只有数学符号,数学能以目前这样表示简明、结构优美的形式出现,首先归功于数学记号和符号体系的出现,它对数学发展的推动作用是极其巨大的。数学符号能够提高计算效率,更好地帮助人们进行数学方面的学习与交流,使得人们在解决问题时能更精确,更简洁明了,具备加快计算速度,简化问题,明确推理过程的功能。

2.1 数学符号史

数学符号的产生和发展是一部动人的历史。每一个符号背后都有一个美丽的故事,有许多迂回和曲折的发展史,有奇特的构思、惊人的演变和偶然的创用趣事。少数符号有如天书,光怪陆离。但总的来讲,沿用至今的数学符号,大都能为我们勾画出一幅数学历史发展的绚丽多彩的画卷,令人陶醉、感叹、流连忘返。

2.1.1 符号学

一套合适的符号不仅能起到速记的作用,能简明、直观地表达某种科学概念、方法或逻辑关系,还可能起到启发抽象思维和创造性思维的作用。

什么是符号学? 符号学是研究符号的本质、符号的发展规律、符号与人类各种活动的关系的一门学问,是以语言学为基础发展起来的一门跨学科研究的科学。

人类的语言,是人类思维的物质属性或物质表达形式,是思维为交际而传输的可供感知的信息。为了延伸交际空间和时间,在口头语言(即听觉感知信息)的基础上,视觉感知信息的书面日常语言出现了。为了表述科学思维,在日常语言的基础上,科学语言诞生了。

随着人类认识的发展,符号的概念已不再限于人类语言活动的一些标志,它已经扩展到人文科学、神话、宗教、文学等多方面,已被视为符号系统。

"符号"就是某种事物的代表。人们总是探索用简单的记号去表现复杂的事物,符号学正是这样产生的。符号的产生、发明、使用和传播经历了十分漫长的历史。

"符号"一词具体创于何时已无稽可考。古希腊著名思想家亚里士多德在《解释篇》中说过:"由嗓子发出的声音是心灵状态的象征,写出的词句,是由嗓子发出的词句的象征。同样,写出的文字,在所有的人那里不会一样,说出的话也不会都一样,尽管心灵状态(对其表达就是直接的符号)在所有的人那里是一样的,以这些心灵状态为其意象的事物也是一样的。"①这里,他把象征与符号视为同义词,谈到了声音、心灵状态和事物之间的关系。

公元前300年前后,斯多葛学派的哲学家们也对符号进行了研究。欧洲中世纪哲学家对符号学的对象、内容等进行了讨论。1690年,英国哲学家约翰·洛克在《人类理解论》中把科学分为三类,第三类就叫符号学。

德国数学家莱布尼茨建立了符号逻辑学,被誉为近代最壮丽的符号学事业。

英国数学家布尔把数学方法引入逻辑学,建立了更加完善的数理逻辑符号系统,他确信语言的符号化会使逻辑严密。20世纪上半叶,美国实用主义哲学家皮尔斯对符号进行了研究,创立了关于符号的一般理论。20世纪30年代,美国哲学家C.W.英里斯系统地总结了符号应用规律,出版了《符号学基础》及《符号、语言与行动》,使符号学成为一门独立学科。

1969年,国际符号学研究协会在巴黎成立,这标志着符号学研究进入了一个新阶段。此后,符号学研究遍及欧洲、北美洲、亚洲。日本于1980年成立了符号学会,美国和苏联在1984年分别召开了符号学会议。

符号学研究的符号是广义的,既包括通常意义下的语言系统、文字系统、数学符号系统及化学符号系统,也包括一些能反映客观事物的标志,如各种仪式、游戏、文艺等的构成要素。

---

① 转引自皮埃尔·吉罗:《符号学概论》,四川人民出版社1998年版,第2页。

2.1.2 数学符号的意义

数学符号就是在数学文献中用以表示数学概念、数学关系等的符号和记号。具体地说，是用来记录数学概念、命题和演算的。

因此，数学符号具有两种含义，一是单指表示数学概念的符号；二是泛指整个数学符号体系，即不仅包括表示数学概念的符号，也包括表示数学命题和数学推理所使用的一切符号，以及其他专用符号等。

数学符号相对于日常书面语言与口头语言是有局限性的，它是为适应数学思维特殊需要而出现的。因此，人们认为：数学符号是数学学科专门使用的特殊文字，是高度概括、高度浓缩的一种科学语言，也就是说，它是一种便于记录和阅读、加速思维进程和高效传播思维的科学书面语言，其不仅方便了数学研究和数学知识的传播，同时也把人类语言学推进到一个新的高度和广度。

人们由此出发，从数学符号联想到计算机语言、人工智能语言，甚至当今的数字化语言、网络语言等，不得不说数学符号具有重大的意义。说起古今数学家的贡献，就会联想到他们曾用符号去描述客观世界里的具有深刻、精确的数形美、数学美的概念、公式。我们不得不对他们创造、运用数学符号的劳动肃然起敬，不能不认同他们对人类语言学的丰富和发展做出的贡献。

综上所述，数学符号是应数学思维特点的需要而产生的理想化的科学书面语言。普通数学符号的创造、运用，为符号逻辑和计算机语言、数字化语言等奠定了坚实基础。

根据上面的分析论述,数学符号化对数学发展的重大意义可以简要归纳为如下几点:①数学符号的出现是数学诞生与发展的一个重要标志;②数学符号是数学研究不可缺少的工具;③标准化统一的数学符号的使用,非常便于世界上不同国家、不同地区、不同民族进行数学交流;④数学符号具有简明、直观、准确和优美等许多优点,有日常语言不可替代的优越性;⑤数学符号作为日常语言的理想模型,主要便于书面表达和视觉感知特色,同时也带来了口头表达的一系列简化,使口头语言也实现了理想化、模型化;⑥符号化便于逻辑论证和思维交流,并使数学具有可操作性等优点;⑦如同概念是思维的基本形式一样,表示数学概念的符号,是整个数学符号体系的基础,好比建筑上单项的砖瓦、沙石、水泥等材料一样;⑧符号化是数学抽象化的必然结果;⑨新数学符号的出现,往往是开辟新的数学领域的先导;⑩符号体现了数学美。

2.1.3 数学符号的特点

初等数学和高等数学中常用的符号有 200 多个,这些数学符号的特点是什么?

第一,含义确定性。每个数学符号都确定表示某个意义,如 $\sin \alpha$ 表示角 α 的正弦值等。

第二,表达简明性。用数学符号表达概念、运算、逻辑推理十分简单明了。如日常用语"10 以上",是否包括"10"是不明确的,而用数学符号 $x \geqslant 10$ 来表示,就简单明了。

有人说，爱因斯坦的相对论思想，仅仅在几页布满数学符号的稿纸上即表达得明明白白，这在熟悉数学语言的人看来，一点也不会感到奇怪，这是数学符号简明性特点的威力。

第三，使用方便。用英文、拉丁文、希腊文或汉语拼音字母或者缩写字母表达数，读写都方便。

第四，直观性。数学符号的直观性特点，可从以下几方面看出：

①图性直观。有些数学符号，用生动的具有几何图形的"象形符号"来表达抽象的数学含义。它们的来历一般是"仿图造符"，故称之为"图性象形符号"，简称图性符号。如圆 $\odot$、平行 $/\!/$、垂直 $\perp$ 等。这些惟妙惟肖的图形直观地表示出几何概念、命题、推理之间的相应数学关系。象形图形直观符号表示概念的内涵，我们能够通过符号的形象和特色，去掌握、去记忆，十分直观。

②义性直观。有些数学符号，用一个或尽可能少的几个同其数学含义有关的某种字母，来表示相应的数学概念、命题、推理，它们的来历，往往是"据义造符"，故叫它们"义性符号"。如圆周率符号 π（源于希腊）、对数符号 $\log$、面积符号 S、体积符号 V 等。

③唯义直观。还有一种在前两种符号基础上产生的符号，它们从书面形态结构，到其所表示的数学含义，都是人为规定的，由于在创用这类数学符号时，主要着眼于其含义的完整性，故把它们叫作"唯义符号"。如常数符号 a、阶乘符号!、无穷大符号 ∞ 等，都是参考图性、义性两种符号而创用的唯义符号。我们在数学书上看到，唯义符号的出现和流行，使数学符号上了一

个台阶,被推向更为广阔的空间,从而为深奥难言的近现代数学原理提供了又一种直观、简明的语言理想模型。

2.2　遇见符号

数学符号的发明和使用比数字晚,但是数量多得多。现在常用的有 200 多个,初中数学教科书里就有不下 20 种,它们都有一段有趣的经历。

2.2.1　小学阶段的数学符号

加号和减号:"＋"号是由拉丁文"et"(意为"和")演变而来的。16 世纪,意大利科学家塔塔里亚(Nicolo Tartaglia,约 1499—?)用意大利文"plu"(意为"加")的第一个字母表示加,草写为"μ",最后都变成了"＋"号。"－"号是从拉丁文"minus"(意为"减")演变来的,简写为"m",再省略掉字母,就成了"－"。也有人说,卖酒的商人用"－"表示酒桶里的酒卖了多少。当把新酒灌入大桶的时候,就在"－"上加一竖,意思是把原线条勾销,这样就成了"＋"号。到了 15 世纪,德国数学家魏德美正式确定:"＋"作为加号,"－"作为减号。

乘号和除号:乘号曾经用过十几种形式,现在通用两种。一个是"×",最早是英国数学家奥屈特 1631 年提出的;一个是"·",是由英国数学家赫锐奥特首创的。德国数学家莱布尼茨认为:"×"号像拉丁字母"X",加以反对,而赞成用"·"号。他自己还提出用"Ⅱ"表示相乘。可是这个符号现在应用到集合论中去了。到了 18 世纪,美国数学家欧德莱确定,把"×"作为乘号。他认为"×"是"＋"斜起来写,是另一种表示增加的符号。"÷"最初作为减号,在欧洲大陆长期流行。直到 1631 年,英国数学家奥屈特用":"表示除或比,另外有人用"－"(除线)表示除。后来,瑞士数学家拉哈在他所著的《代数学》里,正式将"÷"作为除号。

大于号和小于号:大于号"＞"和小于号"＜",是 1631 年英国著名代数学家威廉·奥特雷德(William Oughtred,1575—1660)首创的。它是一种关系符号,表示的是两个量之间的大小关系。庞加莱与波莱尔于 1901 年引入符号"≪"(远小于)和"≫"(远大于),很快为数学界所接受,沿用至今。此外,现在还用"≥"或"≩"表示大于等于,用"≤"或"≨"表示小于等于。

圆周率:你认识"π"这个符号吗? 它表示圆周率。数学中它是圆周长与直径的比值,是精确计算圆周长、圆面积、球体积等的关键值。

1600 年,英国人威廉·奥托兰特首先使用 π 表示圆周率,因为 π 是希腊语中"圆周"的第一个字母,而 δ 是"直径"的第一个字母,当 δ＝1 时,圆周率为 π。1737 年,瑞士数学家莱昂哈德·欧拉(Leonhard Euler,1707—1783)在其著作中使用 π,后来被数学家广泛接受,沿用至今。

大约 1500 年前,中国南北朝时期杰出数学家祖冲之(429—500)计算出圆周率大约在 3.1415926 和 3.1415927 之间,成为世界上第一个把圆周率的值精确到小数第 7 位的人。

阿拉伯数学家卡西(Cassie,? —1429)在 15 世纪初求得圆周率 17 位精确小数值,打破了祖冲之保持近千年的纪录。德国数学家柯伦于 1610 年算到小数后 35 位数。1948 年,英国的弗格森和美国的伦奇共同发表了 π 的 808 位小数值,成为人工计算圆周率值的最高纪录。电子计算机的出现使 π 值计算有了突飞猛进的发展。2011 年 10 月 16 日,日本长野县饭田市公司职员近藤茂利用家中电脑将圆周率计算到小数点后 10 万亿位,刷新了 2010 年 8 月由他自己创下的 5 万亿位的吉尼斯世界纪录。

分数符号:分数产生于测量及计算过程中。在测量过程中,它是整体或一个单位的一部分;而在计算过程中,当两个数(整数)相除而除不尽的时候,便得到分数。其实很早已有分数的产生,各个文明古国的文化也记载有关于分数的知识。

在古埃及人眼中,数字的基本计算单位是 1。令人称奇的是,他们却会使用 2/3。对于一般分数(除 2/3 外),古埃及人均分解为单位分数再进行计算。这些均记载于古埃及纸草书。古埃及人用尼罗河中的一种草纤维制造出纸张,可在其上书写记录。莱因德纸草书就是其中一部数学著作,记有大量关于分数的计算问题。如,一个量,其 2/3、1/2 和 1/7,加起来为 33。这个量是多少?纸草书是由书记员所写,古埃及的书记员是个地位崇高的职业,他们会写字,能够进行数学计算,特别是懂得分数者,甚至扮演着创造奇迹的魔术师角色。故"知识就是力量"的社会规则,在古埃及一直被遵循和践行着。

中国关于分数概念的记载可追溯至商代,而在战国时期,铜器铭文中已出现了关于分数的叙述。因古人常略去"几分之几"的"之"字,故把 3/5 读作"五分三"。在公元前 3 世纪的《考工

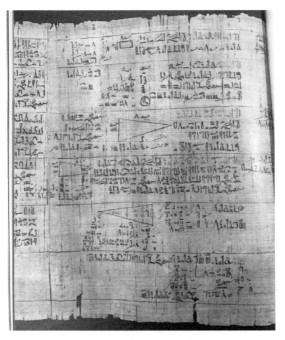

图 2-1　莱因德纸草书

记》中，谈及车轮制作时，写有"十分寸之一为一枚"之句，其意为十分之一寸为一分。由于我国古代的计算工具为算筹，故而未形成系列运算符号，运算一般表现为等式变换。在筹式中已有明确的分数表示法：商数置于上方，实（被除数，可看作分子）位列中间，法（除数，可看作分母）在最下方，运算结果可能有余数，则视其为带分数。

　　在我国经典数学著作《九章算术》的"方田"章中，给出了完整的分数加、减、乘、除以及约分和通分运算法则。如第 5 题：今有十八分之十二，问约之得几何。再如第 7 题：今有三分之一，五分之二，问合之得几何。《九章算术》中定义分数为：实如法而一，不满法者，以法命之。其大意为，被除数除以除数，若除不尽,就得到了一个分数。"命之"就是"命分",我国古代把分数称为"命分"。

对于中国古代的分数表示法,英国科学史家李约瑟(J. T. M. Needham,1900—1995)曾赞誉道:分子和分母在运算前称为"子和母",而在运算中称为"实和法"。用"儿子"表示分子和用"母亲"表示分母很有启发意义。这表明中国古人所想象的真分数,就是下面的数字较大,犹如怀孕的母亲一样。

在阿拉伯民族眼中,数学是智慧的母亲。为了表现慈母的端庄、秀丽,阿拉伯人用竖行表示分数,然而这似乎还缺少一种内在美,故在分子、分母之间添加了一条横线。这条美丽的线段不是分隔母子的沟壑,而是连接母子的彩带。关于分数线的记载,最早见于阿拉伯数学家阿尔·花剌子模(Al-Khwārizmī,约780—约850)的著作《还原与对消计算概要》(代数学),他是从除法角度引进分数线的,用 3/5 表示 3 除以 5。

1845 年,英国数学家德·摩根(Augustus de Morgan)在他的一篇文章《函数计算》(The Calculus of Functions)中提出以斜线"/"来表示分数线。由于把分数 $\frac{a}{b}$ 以 a/b 来表示,有利于印刷排版,故现在有些印刷书籍采用这种斜线"/"作为分数符号。

2.2.2　初中阶段的数学符号

小数点:在很久以前,人们写小数的时候,就将小数部分降一格写,略小于整数部分。例如,63.35,就写成 63_{35}。16 世纪,

德国数学家鲁道夫用一条竖线来隔开整数部分和小数部分,例如 257.36 表示成 257|36。17 世纪,英国数学家耐普尔采用一个逗号","来作为整数部分和小数部分的分界点,例如 17.2 记作 17,2。这样写容易和文字叙述中的逗号相混淆,但是当时还没有发明更好的方法。在 17 世纪后期,古印度数学家研究分数时,首先使用小圆点"."来隔开整数部分和小数部分,直到这个时候,小数点才算是真正诞生了。

绝对值符号:1841 年,卡尔·魏尔斯特拉斯首先引用"||"为绝对值符号(Signs for absolute value),之后为人们所接受,且沿用至今,成为现今通用之绝对值符号。在实数范围内,

$$|a| = \begin{cases} a, a \geq 0, \\ -a, a < 0。\end{cases}$$

此外,他亦指出,复数之绝对值就是它的"模"。到了 1905 年,甘斯以"||"符号表示向量之长度,有时亦称这长度为绝对值。若以向量解释复数,那么"模""长度"及"绝对值"都是一样的。这体现了甘斯符号之合理性,因而沿用至今。

负数符号:由中国古代的数学家最先采用及应用,在《九章算术》中便记载了负数及负数的运算法则。而在其他运算中,亦有不同的方式来表示正负数,如在筹算时,会以红色的筹表示正数,黑色的筹表示负数。但这种方法用于毛笔记录时,换色十分不便,因此在 12 世纪,李冶首创了在数字上加斜划以表示负数的方法。

图 2-2 所表示的是 $4.12x^2 - x + 136 - 248x^{-2}$,这可以说是世上最早的负数记号。

而西方对负数的认识则比中国迟,到 15 世纪后才正式应用

图 2-2 负数记号

负数。在运算中,亦有不同的负数符号以表示正负数。如在
1800 年,威尔金斯用－a 表示负数;在 1809 年,温特费尔在数字
前加上"┤"或"┐"来表示负数;而在 1832 年,W. 波尔约用
"┠┤"表示负数。此外,后来亦有不同方式表示负数,如→a 表
示负数,←a 表示正数;a_m 为负数,a_p 为正数;$\check{a}$ 表示负数,$\hat{a}$ 表
示正数。

直至本世纪初亨廷顿才开始采用接近现在的负数符号形
式,如－3,－2,－1,0,＋1,＋2,＋3,并逐渐成为现在的正负数。

方根符号:开方亦是最早产生的运算之一。古埃及人以
"┓"表示平方根(root);7 世纪,古印度人婆罗摩笈多以 carani
(意即"平方根")的首字母"c"表示平方根;15 世纪阿拉伯人盖
拉萨迪以"ﺵ"为平方根号(Sign for root)。

2 世纪,古罗马人尼普萨斯以拉丁词语 latus(意为正方形的
边)表示平方根,这词的首字母"l"之后成为欧洲重要的平方根
号之一。12 世纪,蒂沃利的普拉托等人也采用这符号。16 世
纪,法国科学家拉米斯、法国数学家韦达亦用过这符号。到
1624 年,英国人布里格斯分别以"l""l_3""ll"表示平方根、立方
根及四次方根。

而另一个于欧洲被广泛采用的方根号"R",亦是源自拉丁

词语"radix"（意即"平方根"）。这符号最先出现于由阿拉伯文译成拉丁文的《几何原本》第十卷中，其后斐波那契和帕乔利等人均采用这符号。16 至 17 世纪，许多数学家，如：塔尔塔利亚、韦达（亦采用"l"）等人都以"R"为平方根号。

德国人鲁道夫（Rudolf）是较早以"$\sqrt{}$"表示平方根的人之一。中间经历了各种演变后，各次方根号都逐渐以这形式表达，开始了现代符号的使用。

函数符号：瑞士数学家约翰·伯努利（Johann Bernoulli）于 1694 年首次提出函数（function）概念，并以字母 n 表示变量 z 的一个函数；1697 年，他又以大写字母 X 及相应之希腊字母 ξ 表示变量 x 的函数。同期（1695 年），雅·伯努利则以 p 及 q 表示变量 x 的任何两个函数。

1734 年，欧拉以 $f\left(\dfrac{x}{a}+c\right)$ 表示 $\dfrac{x}{a}+c$ 的函数，是数学史上首次以"f"表示函数的人。同时，克莱罗采用大写希腊字母 Π_x，Φ_x 及 Δx（不用括号）表示 x 的函数。1745 年，达朗贝尔以 $\Delta u, s$ 及 $\Gamma u, s$ 表示两个变量 u, s 的函数，并以 $\Phi(z)$ 表示 z 的函数。1753 年，欧拉又以 $\Phi:(x,t)$ 表示 x 与 t 的函数，到翌年，更以 $f:(a,n)$ 表示 a 与 n 的函数。

1797 年，法国著名数学家、物理学家约瑟夫·拉格朗日（Joseph-Louis Lagrange，1736—1813）大力推动以 f、F、Φ 表示函数，对后世影响深远。时至今日，函数都主要以这几个字母表达。

1820 年，英国天文学家、音乐家弗里德里希·威廉·赫歇尔（Friedrich Wilhelm Herschel，1738—1822）以 $f(x)$ 表示 x 的

函数,并指出 $f(f(x))=f^2(x)$ 及 $f^m f^n(x)=f^{m+n}(x)$,还以 $f^{-1}(x)$ 表示其函数 f 为 x 的量。1893 年,皮亚诺开始采用符号 $y=f(x)$ 及 $x=f(y)$,其后又与赫歇尔符号结合,成为现今通用的符号:$y=f(x)$ 及 $x=f^{-1}(y)$。

2.2.3　高中阶段的数学符号

属于号:用来表示一个元素属于另一个集合的记号。1889 年,意大利数学家皮亚诺(Peano,1858—1932)首先使用"$\in$"来表示属于。如 $a\in A$,表示 a 是集合 A 的元素。皮亚诺在数学研究过程中,首创了许多符号,除"$\in$"外,还有以"$\subset$"来表示含于,及以 a' 来表示自然数 a 的后继数。使用了这些数学符号后,皮亚诺的数学推理在表达上更加干净利落。他的工作,更促进了日后符号逻辑的发展。

含于号:用来表示一个集合是另一个集合的子集的记号。如 $A\subset B$,表示集合 A 包含于集合 B 内,或 A 是 B 的子集(Subset)。

空集符号 $\varnothing$:它表示集合中没有元素。这个符号出现得很晚,是谁首先创用的? 它的意义是什么? 目前没有更多的可考资料。学习空集时,要注意区别 0 和 $\varnothing$、$\{0\}$ 和 $\varnothing$、$\varnothing$ 和 $\{\varnothing\}$ 等概念。

0 和 $\varnothing$ 是不相同的。0 是一个数字,可以是某个集合的元素;空集 $\varnothing$ 是一个集合,绝不能因为空集中没有元素而误认为它是数 0。

$\{0\}$ 和 $\varnothing$ 有共同之处,也有区别。它们都表示集合,但 $\{0\}$ 是指仅含一个元素 0 的集合;$\varnothing$ 是指没有元素的集合,故 $\{0\}\neq\varnothing$。

∅和{∅}也是两个不同集合。∅表示一个空集,不含有任何元素;{∅}是一个集合,它里面有一个元素∅(集合),所以∅≠{∅}。注意,集合的元素可以是数、式、形及一些物体,也可以是集合,这在高等数学中会经常出现。

正确理解数 0、空集∅、集合{0}与{∅}等符号的意义,是学好集合概念的基础之一。

"因为"和"所以"符号:雷恩是首个以符号表示"所以"(therefore)的人,他在 1659 年的一本代数书中,以"∴"及"∵"两种符号表示"所以",其中"∴"用得较多。而该书 1668 年的英译本亦以此两种符号表示"所以",但"∵"用得较多。威廉·琼斯于 1706 年以"∴"表示"所以"。至 18 世纪中叶,"∵"用以表示"所以"至少和"∴"用得一样多。

18 世纪初,还没有人以"∵"表示"因为"。1805 年,英国出版的《大众数学手册》中才首次以"∵"表示"因为",但还没有以"∴"表示"所以"的应用广。到了 1827 年,剑桥大学出版的欧几里得《几何原本》中分别以"∵"表示"因为",以"∴"表示"所以"。这用法日渐流行,且沿用至今。

阶乘符号:1751 年,瑞士数学家莱昂哈德·欧拉(Leonhard Euler,1707—1783)以大写字母 M 表示 m 阶乘,$M=1 \cdot 2 \cdot 3 \cdot \cdots \cdot m$。1799 年,意大利数学家鲁菲尼(Ruffini,1756—1822)在他出版的方程论著述中,以小写字母 π 表示 m 阶乘。1813 年,德国数学家高斯以 $\Pi(n)$ 来表示 n 阶乘。用来表示 n 阶乘的方法起源于英国,但未能确定始创人是谁。直至 1827 年,由于雅莱特的建议而得到流行,现在有时也会以这个符号作为阶乘符号。

1808 年,法国数学家基斯顿·卡曼(Christian Kramp,1760—1826)最先提出阶乘符号"!",该符号后来得到德国数学家、物理学家格奥尔格·西蒙·欧姆(Georg Simon Ohm,1789—1854)等人的提倡而流行,直至现在仍然通用。

排列组合符号:1772 年,旺德蒙德以 $[n]^p$ 表示从 n 个不同的元素中每次取 p 个的排列数。而欧拉则于 1771 年以 $\left(\dfrac{n}{p}\right)$ 及于 1778 年以 $\left(\dbinom{n}{p}\right)$ 表示从 n 个不同元素中每次取 p 个元素的组合数。到了 1872 年,德国数学家埃汀肖森(Ettingshausen,B. A. von)引入了 $\left(\dbinom{n}{p}\right)$ 表示相同之意,这组合符号(Signs of Combinations)一直沿用至今。

1830 年,乔治·皮科克(George Peacock,1791—1858)引入符号 Cr 以表示从 n 个元素中每次取 r 个元素的组合数;1869 年或稍早些,剑桥的古德文以符号 nPr 表示从 n 个元素中每次取 r 个元素的排列数,沿用至今。按此法,nPn 相当于现在的 $n!$。

1880 年,鲍茨以 ^nCr 及 ^nPr 分别表示从 n 个元素中取出 r 个的组合数与排列数;6 年后,惠特渥斯(Whit-worth,A. W.)以 C_r^n 及 P_r^n 表示相同之意,他还以 R_r^n 表示可重复的组合数。1899 年,英国数学家克里斯托尔(Chrystal,G.)以 nPr 及 nCr 分别表示从 n 个不同元素中每次取出 r 个不重复之元素的排列数与组合数,并以 nHr 表示相同意义下的可重复的排列数,这三种符号也通用至今。

1904 年,德国数学家内托(Netto,E.)为一本百科辞典所写的辞条中，以 A_n^r 表示上述 nPr 之意，以 C_r^n 表示上述 nCr 之意，后者亦同时采用了 $\binom{n}{p}$，这些符号也一直用到现代。

指数符号：指数符号（Sign of power）的种类繁多，且记法多样化。我国古代数学家刘徽在《九章算术注》中以"幂"字表示指数，且沿用至今。我国古代称"一数自乘"为"方"，而"乘方"一词则于宋代以后才开始采用。在我国古代，一个数的乘方指数是以这个数在筹算（或记录筹算的图表）内的位置来确定的，而某位置上的数要自乘多少次是固定的，也可说这是最早的指数记号。

至 17 世纪，具有"现代"意义的指数符号才出现。最初的，只是表示未知数之次数，并未出现未知量符号。从罗曼斯开始写出未知量的字母，他以 $A(4)+B(4)+4A(3)inB+6A(2)in$ $B(2)+4AinB(3)$ 来表示 $A^4+B^4+4A^3B+6A^2B^2+4AB^3$。法国人埃里冈的记法与之大致相同，也是系数在前指数在后的方式。如以 $a3$ 表示 a^3，$2b4$ 表示 $2b^4$，$2ba2$ 表示 $2ba^2$。1631 年，哈里奥特（1560—1621）改进了记法，以 aa 表示 a^2，以 aaa 表示 a^3 等。1636 年，居于巴黎的苏格兰人休姆（James Hume）以小罗马数字在字母的右上角的方式表达指数，如用 A^{iii} 表示 A^3。这表示方式除了用的是罗马数字外，已与现在的指数表示法相同。

1 年后，笛卡儿（1596—1650）将较小的古印度阿拉伯数字放在字母右上角来表示指数，如 $5a^4$，便是现今通用的指数表示法。不过，他把 b^2 写成 bb，并且只给出正整数指数幂。其后虽有各种不同的指数符号，但他的记法逐渐流行，且把 bb 写成 b^2，沿用至今。

　　分数指数幂最早见于法国数学家、自然哲学家 N. 奥雷姆
(Nicole Oresme,1320—1382)《比例算法》一书内,他和斯蒂文
等人还提及过负指数幂,但正式的分数指数幂和负指数幂都是
英国人沃利斯(1616—1703)给出的,沃利斯也是西方最先采用
负数指数幂的人。

　　对数符号:对数是由英国人纳皮尔创立的,而对数(Logarithm)一词亦是他所创造的。这词是由一希腊词(拉丁文 logos,
意即:表示思想的文字或符号,亦可作"计算"或"比率"讲)及另一
希腊词(数)结合而成的。纳皮尔在表示对数时套用 Logarithm
整个词,并没作简化。

　　到了 1624 年,德国天文学家、数学家约翰尼斯·开普勒
(Johannes Kepler,1571—1630)才把 Logarithm 简化为"Log",
奥特雷得在 1647 年也这样用。1632 年,卡瓦列里成了首个使
用符号 log 的人。1821 年,柯分用"l"及"L"分别表示自然对
数和任意大于 1 的底的对数。1893 年,皮亚诺以"logx"及
"Logx"分别表示以 e 为底的对数和 10 为底的对数。同年,斯
特林厄姆以"$blog$""ln"及"$\log_k$."分别表示以 b 为底的对数,自
然对数和以复数模 k 为底之对数。1902 年,施托尔茨等人以
"$a\log.b$"表示以 a 为底的 b 的对数,后渐渐发展成现在的
形式。

　　对数于 17 世纪中叶由穆尼阁引入中国。17 世纪初,薛凤
祚的《历学会通》中有"比例数表"(1653 年,或写作"比例对数
表"),称底数为"原数",对数为"比例数"。《数理精蕴》中称作对
数比例,说:"对数比例乃西士若往·纳白尔所作,以借数与真数

对列成表,故名对数表。"因此,在那之后都称作对数了。

符号 e:欧拉首先以 e 表示自然对数(natural logarithm)的底,他大约于 1727 年或 1728 年在手稿内采用这一符号,但这份手稿至 1862 年才付印。此外,他在 1736 年出版的《力学》第一卷及 1747 年至 1751 年的文章内也用 e 表示自然对数的底。而丹尼尔·伯努利、孔多塞及兰伯特则分别在 1760 年、1771 年及 1764 年采用这一符号。其后贝祖(1797)、克拉姆(1808)等也开始这样用 e,并沿用至今。

到了 19 世纪,我国曾以特殊符号表示自然对数的底。华蘅芳 1873 年译的《代数术》卷十八有这样的一句:"则得其常数为二点七一八二八一八二八四五九〇四五不尽,此数以戊代之,……,可见戊即为讷对之底。"用"戊"表示自然对数的底,这显然与当时将 ABCD 译为甲乙丙丁有关,因此将 e 译为"戊"。其后因数学书采用了横排及西文记法,也采用了"e"这符号。

2.3　数学家与数学符号

在数学发展史上,从数学符号的产生到体系的形成,经过了漫长而曲折的道路。在几百年前,代数与算术是没有差别的。那时,要解一道数学题十分烦琐,全靠文字表述,就像写文章似的一个字接一个字写出来。比如"＋""－",就必须写成 plus 与 minus,"＝"则必须写成 aequalis,而未知数要写成 radix,或者 res。这样的表述方式,不仅解题麻烦,而且有个致命的弱点,就是它往往只能解决具体的、个别的问题,而很难将问题抽象到一般形式来研究。

2.3.1 韦达与符号代数

在数学发展史上第一个有意识地系统地使用字母符号的人是韦达(Vieta,1540—1603),他不仅用字母表示未知量及其乘幂,而且还用字母表示一般系数。韦达最突出的贡献是在符号代数方面。他系统地研读了卡丹、塔泰格利亚、蓬贝利、斯蒂文以及丢番图的著作,并从这些名家,尤其是从丢番图的著作中,归纳出使用字母、缩写代数的思想,主张用"分析"这个术语来概括当时代数数学包含的知识内容和方法,而不赞成从阿拉伯承袭而来的 algebra 这个词。他创设了大量的代数符号,用字母代替本知数和未知数的乘幂,也用字母表示一般的系数,他的这套做法经笛卡儿等人的改进,成为现代代数的形式。韦达把他的符号性代数称作"类的筹算术",以区别所谓的"数的筹算术",指出了代数和算术的区别。

图 2-3 韦达

他还系统地阐述并改进了三、四次方程的解法,指出了根与系数之间的重要关系,即韦达定理。从而使当时的代数学系统化了,所以人们也称韦达为"西方代数学之父"。

2.3.2　莱布尼茨与微积分

戈特弗里德·威廉·莱布尼茨(Gottfried Wilhelm Leibniz, 1646—1716)在数学史和哲学史上都占有重要地位。在数学上, 他和牛顿先后独立发明了微积分,而且莱布尼茨所发明和使用 的微积分的数学符号被普遍认为更综合,适用范围更加广泛。

现今在微积分领域使用的符号仍是莱布尼茨所提出的。莱 布尼茨与牛顿谁先发明微积分的争论是数学界至今最大的公 案。莱布尼茨于 1684 年发表第一篇微分论文,定义了微分概 念,采用了微分符号"dx""dy"。1686 年他又发表了积分论文, 讨论了微分与积分,使用了积分符号"∫"。根据莱布尼茨的笔记 本,1675 年 11 月 11 日他便已完成一套完整的微分学。

牛顿从物理学出发,利用集合方法研 究微积分,其应用上更多地结合了运动 学,造诣高于莱布尼茨。莱布尼茨则从几 何问题出发,运用分析学方法引进微积分 概念、得出运算法则,其数学的严密性与 系统性是牛顿所不及的。

图 2-4　莱布尼茨

莱布尼茨认识到好的数学符号能简 化思维劳动,运用符号的技巧是数学成功的关键之一。因此,他 所创设的微积分符号远远优于牛顿的符号,这对微积分的发展 有极大的影响。1714—1716 年,莱布尼茨去世前起草了《微积 分的历史和起源》一文(本文直到 1846 年才被发表),总结了自 己创立微积分学的思路,说明了自己微积分成果的独立性。

2.3.3　欧拉与欧拉公式

莱昂哈德·欧拉(Leonhard Euler,1707—1783)被认为是18世纪世界上最杰出的数学家,也是历史上最伟大的数学家之一。欧拉著作等身,据统计,他生前平均每年发表800页的学术论文,是数学史上最多产的数学家。他对微分方程理论做出了重要贡献。

欧拉公式即为 $e^{i\pi}+1=0$ 这个恒等式,最早是由瑞士数学家莱昂哈德·欧拉在1740年提出。高斯曾说:"如果一个人第一次看到这个公式而不感受到它的魅力,那么他不可能成为数学家。"欧拉公式是数学中当之无愧的最美公式,公式中包含着深刻的数学思想,也隐含了宇宙的哲学原理,其形式相当优美和迷人。

图 2-5　欧拉

这个欧拉公式的神奇之处在于,它把数学中最基本的五个常数,以非常优美的形式结合了起来:

e——自然对数,代表大自然,

π——圆周率,代表无限,

i——虚数单位,代表想象,

1——数字1,代表起点,

0——数字0,代表终点。

乘法代表结合,指数代表加成,加法代表累计,等号代表统一。欧拉公式暗示着:大自然充满无限想象,但是最终都会归于终点。

2.2.4 皮亚诺与符号逻辑学

皮亚诺是著名的符号逻辑的先驱和公理化方法的推行人。他用简明的符号及公理体系为数理逻辑和数学基础的研究开创了新局面。1891年,皮亚诺创建了《数学杂志》,并在这个杂志上用数理逻辑符号写下了自然数公理,且证明了它们的独立性。

19世纪90年代,他继续研究逻辑,并向第一届国际数学家大会投了稿。1900年,在巴黎的哲学大会上,皮亚诺和他的合作者布拉利-福尔蒂(C. Burali-Forti)、帕多阿(A. Padoa)及皮耶里(M. Pieri)主持了讨论。罗素后来写道:"这次大会是我学术生涯的转折点,因为在这次大会上我遇到了皮亚诺。"皮亚诺对20世纪中期

图2-6 皮亚诺

的逻辑发展起了很大作用,在数学方面做出了卓越的贡献。

皮亚诺的《数学公式汇编》共有5卷,1895—1908年出版,仅第五卷就含有4200条公式和定理,有许多还给出了证明,书中有丰富的历史与文献信息,有人称它为"无穷的数学矿藏"。他不是把逻辑作为研究的目标,他只关注逻辑在数学中的发展,称自己的系统为数学的逻辑。

3. 有趣的图形

几何图形,即从实物中抽象出的各种图形,可以帮助人们有效地认识错综复杂的世界。生活中到处都有几何图形,我们所看见的一切都是由点、线、面等基本几何图形构成的。

3.1 平面图形

平面图形是几何图形的一种,指所有点都在同一平面内的图形,如直线、三角形、平行四边形、圆等都是常见的平面图形。本章节我们将介绍这几种常见的平面几何图形。

3.1.1 直线

我们说光是沿直线传播的,那什么是直线呢?在数学中,我们不能把直线定义为很直的线,直线的意义建立在一个公理基础上:两点之间,直线最短,这就确定了直线的形状。直线是构成几何图形的基本元素,它没有端点,向两端无限延长,故长度无法度量。

直线的平面方程有：一般式、点斜式、斜截式、截距式、两点式。

直线的一般方程适用于所有的直线：$Ax+By+C=0$（其中 A、B 不同时为零）。已知直线上一点 $P(x_1,y_1)$，且直线的斜率 k 存在，则直线可用点斜式方程表示为：$y-y_1=k(x-x_1)$。已知直线在 y 轴上的截距 b [即经过点$(0,b)$]，且直线的斜率 k 存在，则直线可用斜截式方程表示为：$y=kx+b$。已知直线与 x 轴交于$(a,0)$，与 y 轴交于$(0,b)$，则直线可表示为：$\dfrac{x}{a}+\dfrac{y}{b}=1(a,b$ 均不为零$)$。已知直线经过点(x_1,y_1)和点(x_2,y_2)，且斜率存在，则直线可表示为：$\dfrac{y-y_1}{y_2-y_1}=\dfrac{x-x_1}{x_2-x_1}(x_1\neq x_2,y_1\neq y_2)$。

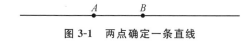

图 3-1　两点确定一条直线

3.1.2　"花心"的三角形

由不在同一直线上的三条线段首尾顺次连接所组成的封闭图形叫作三角形。三角形是简单平面几何图形中最具有稳定性的图形，它在建筑学中广为应用，比如金字塔、起重机、屋顶等。

"花心"的三角形有很多心！有重心、内心、外心、垂心、旁心、界心、陪位重心、伪垂心等等。这里我们主要介绍前面"四心"。三角形除了"四心"，还有"四线"，分别是中线、角平分线、高线、中位线。

连接三角形的一个顶点及其对边中点的线段叫作三角形的中线。三角形重心是指三角形三条中线的交点。当几何体为匀质物体且重力场均匀时,重心与该图形中心重合。如果三角板重心处有一个支点,那么这个三角板就可以保持平衡(如图3-2,点 G 为三角形 ABC 的重心)。

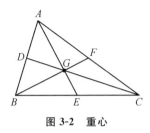

图 3-2　重心

三角形一个内角的平分线与这个角的对边相交,顶点与交点之间的线段叫作三角形的角平分线。三角形内心是指三角形三条角平分线的交点,这个点也是这个三角形内切圆的圆心。三角形内心到三角形三条边的距离相等(如图 3-3,点 I 为三角形 ABC 的内心)。

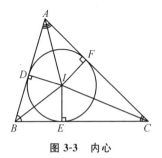

图 3-3　内心

从三角形一个顶点向它的对边所在的直线画垂线,顶点和垂足之间的线段叫作三角形的高线。三角形垂心是指三角形三条高线所在直线的交点。锐角三角形的垂心在三角形内,直角三角形的垂心为直角顶点,钝角三角形的垂心在三角形外(如图3-4,点 H 为三角形 ABC 的垂心)。

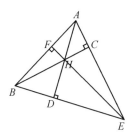

图 3-4　垂心

三角形的重心、内心、垂心分别是中线、角平分线、高线的交点,那么外心是什么线的交点呢? 不是中位线,而是中垂线!

经过三角形一边的中点,并且垂直于这条边的直线叫作三角形这条边上的垂直平分线,又称"中垂线"。垂直平分线可以看成到线段两个端点距离相等的点的集合,垂直平分线是线段的一条对称轴。它是初中数学中非常重要的一部分内容。三角形外心就是三角形三条中垂线的交点。这个点也是这个三角形外接圆的圆心,三角形的三个顶点就在这个外接圆上(如图3-5,点 Q 为三角形 ABC 的外心)。

图 3-5　外心

特别地,等边三角形(又称正三角形)的重心、内心、垂心、外心是同一个点,我们称"四心合一"。

3.1.3 平行四边形

平行四边形(图 3-6)是在同一个平面内,由两组平行线段组成的闭合图形。在平面中,判定一个四边形是不是平行四边形有两种常用的方法:一种是两组对边分别平行的四边形是平行四边形;另一种是一组对边平行且相等的四边形是平行四边形。

图 3-6　平行四边形

矩形、菱形、正方形都是特殊的平行四边形。

矩形(图 3-7)又叫长方形。矩形的判定方法有多种:有一个角是直角的平行四边形是矩形;至少有三个内角是直角的四边形是矩形;对角线相等的平行四边形是矩形;对角线相等且互相平分的四边形是矩形;在同一平面内,任意两角是直角,任意一组对边相等的四边形是矩形。

菱形(图 3-8)的判定方法有:有一组邻边相等的平行四边形是菱形;四边都相等的四边形是菱形;对角线互相垂直且平分的四边形是菱形。

一组邻边相等且有一个角是直角的平行四边形是正方形(图 3-9)。因为正方形具有矩形和菱形的全部特性,所以正方形的判定方法更多:对角线相等的菱形是正方形;有一个角为直角的菱形是正方形;对角线互相垂直的矩形是正方形;一组邻边相等的矩形是正方形;对角线互相垂直且相等的平行四边形是正方形;对角线相等且互相垂直平分的四边形是正方形;一组邻边相等,有三个角是直角的四边形是正方形;既是菱形又是矩形的四边形是正方形。

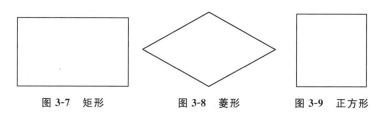

图 3-7　矩形　　　　　图 3-8　菱形　　　　　图 3-9　正方形

平行四边形是中心对称图形,对称中心是两条对角线的交点。平行四边形两条对角线的平方和等于四条边的平方和。我们尝试用不同的方法来证明这个性质。

证法一:如图 3-10,设平行四边形 $ABCD$,作 $DE \perp AB$ 于点 E,$CF \perp AB$ 交 AB 延长线于点 F。

∵ 四边形 $ABCD$ 是平行四边形,

∴ $AB // DC, AB = DC, AD = BC$,

∴ $DE = CF$(平行线间的距离相等),

∴ Rt$\triangle ADE \cong$ Rt$\triangle BCF$(HL),

∴ $AE = BF$。

根据勾股定理,得

$AC^2 = AF^2 + CF^2 = (AB + BF)^2 + CF^2$,

$BD^2 = BE^2 + DE^2 = (AB - AE)^2 + DE^2 = (AB - BF)^2 + CF^2$,

$$AC^2 + BD^2 = (AB + BF)^2 + CF^2 + (AB - BF)^2 + CF^2 =$$
$$(AB^2 + 2AB \cdot BF + BF^2) + CF^2 + (AB^2 - 2AB \cdot BF + BF^2) +$$
$$CF^2 = 2AB^2 + 2BF^2 + 2CF^2 。$$

$\because BF^2 + CF^2 = BC^2$（勾股定理），

$\therefore AC^2 + BD^2 = 2AB^2 + 2BC^2 = AB^2 + CD^2 + BC^2 + AD^2 。$

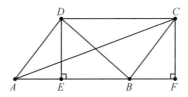

图 3-10　平行四边形对角线平方和等于四条边的平方和

证法二：不妨设 $\overrightarrow{AB} = \vec{a}, \overrightarrow{AD} = \vec{b}$，则 $\overrightarrow{AC} = \vec{a} + \vec{b}, \overrightarrow{DB} = \vec{a} - \vec{b}$，

$\because |\overrightarrow{AC}|^2 = \overrightarrow{AC} \cdot \overrightarrow{AC} = (\vec{a} + \vec{b})^2 = |\vec{a}|^2 + 2\vec{a} \cdot \vec{b} + |\vec{b}|^2$，

$|\overrightarrow{DB}|^2 = \overrightarrow{DB} \cdot \overrightarrow{DB} = (\vec{a} - \vec{b})^2 = |\vec{a}|^2 - 2\vec{a} \cdot \vec{b} + |\vec{b}|^2$，

$\therefore |\overrightarrow{AC}|^2 + |\overrightarrow{DB}|^2 = 2(|\vec{a}|^2 + |\vec{b}|^2) = 2(|\overrightarrow{AB}|^2 + |\overrightarrow{AD}|^2)$，

即平行四边形两条对角线的平方和等于四条边的平方和。

3.1.4　圆

　　圆，是一个看来简单，实际上十分奇妙的形状。古代人最早是从太阳、阴历十五的月亮得到圆的概念的。18000 年前，山顶洞人在兽牙、砾石和石珠上钻孔，那些孔有的就很圆。到了陶器时代，许多陶器都是圆的。圆的陶器是将泥土放在一个转盘上制成的。当人们开始纺线，又制出了圆形的石纺锤或陶纺锤。古代人还发现，搬运圆木时滚着走比较省力。后来他们在搬运重物的时候，就把几段圆木垫在大树、大石头下面滚着走，这样比扛着走省力得多。

古埃及人认为：圆，是神赐给人的神圣图形。一直到2000多年前，我国的墨子(约前468—前376)才给圆下了一个定义：圆，一中同长也。意思是说：圆有一个圆心，圆心到圆周的长都相等。这个定义比希腊数学家欧几里得(约前330—前275)给圆下定义要早100年。

任意一个圆的周长与它直径的比值是一个固定的数，我们把它叫作圆周率，用字母 π 表示。它是一个无限不循环小数，$\pi=3.1415926535\cdots\cdots$但在实际应用中一般只取它的近似值，即 $\pi\approx3.14$. 如果用 C 表示圆的周长，d 表示直径，r 表示半径，那么 $C=\pi d$ 或 $C=2\pi r$。祖冲之(429—500)在前人的计算基础上推算出圆周率在 3.1415926 与 3.1415927 之间，是世界上首次将圆周率精算到小数第七位的人。

圆是一种几何图形，是平面中到一个定点距离为定值的所有点的集合。这个给定的点称为圆的圆心，作为定值的距离称为圆的半径。当一条线段绕着它的一个端点在平面内旋转一周时，它的另一个端点的轨迹就是一个圆。圆是一个正 n 边形(n 为无限大的正整数)，边长无限接近于 0 但永远无法等于 0。

连接圆心和圆上的任意一点的线段叫作半径，字母表示为 r。通过圆心并且两端都在圆上的线段叫作直径，字母表示为 d。连接圆上任意两点的线段叫作弦。在同一个圆内，最长的弦是直径。

圆上任意两点间的部分叫作圆弧，简称弧。大于半圆的弧称为优弧，小于半圆的弧称为劣弧，所以半圆既不是优弧，也不是劣弧。顶点在圆心上的角叫作圆心角。优弧所对圆心角大于

180 度,劣弧所对圆心角小于 180 度。

顶点在圆上,并且两边都和圆相交的角叫作圆周角,这一定义上反映了圆周角所具备的两个特征:①顶点在圆上,②两边都和圆相交。这两个条件缺一不可。

圆的面积计算公式:$S = \pi r^2$。

把圆分成若干等份再重新组合,可以拼成一个近似的长方形。长方形的宽相当于圆的半径 r,长方形的长就是周长的一半 πr。所以圆的面积 $S = r \cdot \pi r = \pi r^2$(图 3-11)。

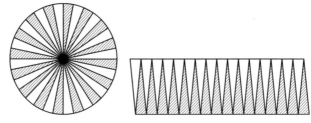

图 3-11 圆的面积

一个三角形有唯一确定的外接圆和内切圆。外接圆圆心是三角形各边垂直平分线的交点,到三角形三个顶点距离相等;内切圆的圆心是三角形各内角平分线的交点,到三角形三边距离相等。在周长相等的前提下,圆的面积比正方形、长方形、三角形的面积都大。

3.1.5 魔术师的地毯

一天,著名魔术大师秋先生拿了一块长和宽都是 13 分米的地毯去找地毯匠敬师傅,要求把这块正方形地毯改成 8 分米宽、21 分米长的矩形。敬师傅对秋先生说:"你这位大名鼎鼎的魔术师,难道连小学算术都没有学过吗? 边长 13 分米的正方形面积为 169 平方分米,而宽 8 分米、长 21 分米的矩形面积只有 168 平方分米,两者并不相等啊! 除非裁去 1 平方分米,不然没法做。"秋先生拿出他事先画好的两张设计图,对敬师傅说:"你先照这张图(图 3-12)的尺寸把地毯裁成四块,然后照另一张图(图 3-13)的样子把这四块拼在一起缝好就行了。魔术大师是从来不会错的,你放心做吧!"敬师傅照着做了,缝好一量,果真是宽 8 分米、长 21 分米。魔术师拿着改好的地毯满意地走了,而敬师傅却还在纳闷儿:这是怎么回事呢? 那 1 平方分米的地毯到什么地方去了? 你能帮敬师傅解开这个谜吗?

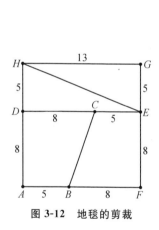

图 3-12 地毯的剪裁

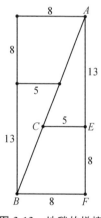

图 3-13 地毯的拼接

其实,眼见未必为实! 图 3-13 中 A、B、C 三点不是共线的。如图 3-14 建立直角坐标系,直线 BC 的斜率为 $\dfrac{8}{3}=2.\dot{6}$,而直线 AC 的斜率为 $\dfrac{13}{5}=2.6$。因为两条直线斜率相差极小,所以用肉眼看不出来。A 和 B 之间有一块细长的重叠地带,这个重叠

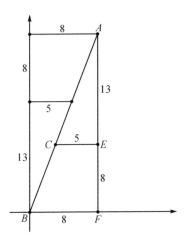

图 3-14 1 平方分米的地毯去哪了

部分便是面积减少的地方。地毯比较松软,尺寸不是十分精确,
如果选用钢板,这个魔术就做不成了! 我们将重叠之处放大,就
发现重叠部分 $ACBD$ 其实是一个平行四边形(图 3-15),它的
面积如何计算? 我们先求三角形 ABC 的面积,易得 $C(3,8)$,
$A(8,21)$,则直线 AB 的方程为 $y = \dfrac{21}{8}x$,即 $21x - 8y = 0$,所以
点 C 到直线 AB 的距离为 $d = \dfrac{|21 \times 3 - 8 \times 8|}{\sqrt{21^2 + 8^2}} = \dfrac{1}{\sqrt{505}}$,
$|AB| = \sqrt{505}$,则 $S_{\triangle ABC} = \dfrac{1}{2}|AB| \cdot d = \dfrac{1}{2}$。

所以,平行四边形 $ACBD$ 的面积恰好是 1 平方分米!

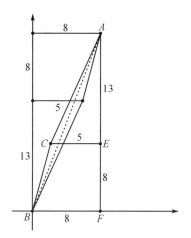

图 3-15 地毯缺少部分的面积的计算

3.1.6 可一笔画出的图形

传统意义上的几何学是研究图形的形状、大小等性质,而有一些几何问题,它们所研究的对象与图形的形状和线段的长短没关系,只和线段的数目和它们之间的关系有关。比如一笔画问题,是研究平面上由曲线段构成的一个图形能不能从起点到终点一笔画成而线路不中断,同时画笔在每条线段上都不重复(一笔画中,点可以重复,但线不可以重复)的问题。例如汉字"日"和"中"字都可一笔画,而"田"和"目"则不能。

下列哪些图形可以一笔画出?

判断一个图形能否一笔画出,只需判断奇点的个数即可,要是图形中有 0 或 2 个奇点,就可以一笔完成,否则就不能。那什么是奇点呢?从一个点出发的线段数为奇数条,我们称这个点为奇点;从一个点出发的线段数为偶数条,我们称这个点为偶点。

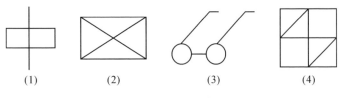

(1)　　　　(2)　　　　(3)　　　　(4)

图 3-16　图形能一笔画吗

图(1)有 2 个奇点,图(4)有 0 个奇点,所以图(1)(4)可以一笔画出。而图(2)有 4 个奇点,图(3)有 6 个奇点,所以图(2)(3)不能一笔画出。如何画一笔画?我们还能找到一定的规律:如果画奇点数为 2 的图形,可以从一个奇点起笔,到另一个奇点结束;如果画奇点数为 0 的图形,可以从一个偶点起笔,再回到这个偶点结束,也就是哪儿进的,哪儿出。

1736 年,欧拉发表了"一笔画定理":一个图形要能一笔画完成必须符合两个条件:(1)图形是连通的;(2)图形中的奇点(与奇数条边相连的点)个数为 0 或 2。欧拉的研究开创了数学上的新分支——图形与几何拓扑。

3.2　立体图形

所有点不在同一平面上的图形叫作立体图形。立体图形是对现实物体的一种抽象。简单的立体图形有多面体与旋转体两种。由若干个平面多边形围成的几何体叫作多面体。一条平面曲线绕着它所在平面内的一条定直线旋转形成的封闭旋转面所围成的几何体叫作旋转体。

3.2.1　四面体

生活中四面体非常多见,如弓箭头、金字塔等,其实所有长方体物体切下一角得到的都是四面体。四面体(图3-16)也叫三棱锥,它的四个面(一个叫底面,其余叫侧面)都是三角形。

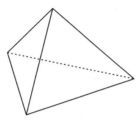

图 3-16　四面体

古人用"鳖臑(biē nào)"来命名一种特殊的四面体,它的四个面均为直角三角形。公元前 2 世纪的中国古算书《九章算术·商功》中有这样一题:

命题:今有鳖臑。下广五尺,无袤;上袤四尺,无广。高七尺。问:积几何?

答曰:二十三尺少半尺。

术曰:广袤相乘,以高乘之,六而一。(意思是说:宽长相乘,乘以高,除以 6。)

四面体(三棱锥)的体积等于与它同底等高的棱柱的 $\frac{1}{3}$,即 $V = \frac{1}{3}Sh$,S 是指三棱锥的底面面积(三角形面积等于二分之一底乘高),h 是指三棱锥的高。

如果把四面体每个面(三角形)的重心与对顶点的连线称为

中线,我们有对应于三角形三中线共点(重心)且分中线成 2∶1
两线段的定理:四面体的四条中线共点,此共点即为四面体的重
心,且共点分中线为 3∶1(从顶点量起)的两条线段。

对应于三角形三条中垂线共点(外心)我们有定理:四面体
的六条棱的中垂面共点,此共点即为四面体外心,且共点与四顶
点等距离,是四面体外接球球心。

对应于三角形三条角平分线共点(内心)我们有定理:四面
体六个二面角的平分面共点,此共点即为四面体内心,且共点与
四面等距离,是四面体内切球的球心。

3.2.2 五面体

五面体是指由五个面组成的多面体,可以是三棱柱、四棱
锥。边长全部等长的三棱柱有时会被称为半正五面体。

我国古代研究过的五面体有"阳马""羡除""刍甍(chú méng)",
大多研究它们的体积。

阳马,中国古代数学中的一种几何形体,是底面为长方形,
两个三角面与底面垂直的四棱锥体(图 3-17)。

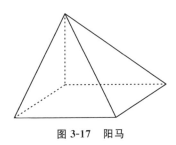

图 3-17　阳马

《九章算术·商功》的第 15 题如下:

命题:今有阳马,广五尺,袤七尺,高八尺。问:积几何?

答曰:九十三尺少半尺。

术曰:广袤相乘,以高乘之,三而一。

阳马的体积要按照四棱锥的体积公式 $V = \dfrac{1}{3}Sh$ 进行计算。

羡除原意为墓道,在中国古代数学中是指三面为等腰梯形,两面为直角三角形的楔状体(图 3-18)。最早的文字记载见于《九章算术》"商功"章,其体积计算方法为:"并三广,以深乘之,又以袤乘之,六而一",即 $V = \dfrac{1}{6}(a_1 + a_2 + a_3)bh$。

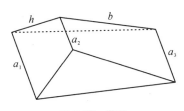

图 3-18　羡除

刍甍是指底为长方形,前后为梯形,左右为三角形,形如屋顶的五面体(图 3-19)。"甍"通"蒙",刍甍原意为层脊。最早的关于刍甍的文字记载见于《九章算术》"商功"章,其体积计算方法为:"倍下袤,上袤从之,以广乘之,又以高乘之,六而一",即

$$V = \dfrac{1}{6}(2a_2 + a_1)bh。$$

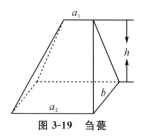

图 3-19　刍甍

3.2.3　正多面体

常见的多面体有正方体、长方体、棱锥等。多面体至少有4个面,多面体根据面数分为四面体、五面体、六面体等等。各个面都是全等的正多边形,并且各个多面角都相等的多面体叫作正多面体。多面体可以有无数种,但正多面体的种数很少。正多面体只有正四面体、正六面体、正八面体、正十二面体、正二十面体这5种。正多面体又称柏拉图多面体,但并不是由柏拉图所发明,而是因柏拉图及其追随者对它们所做的研究而得名。

正四面体(图3-20)是由4个全等正三角形围成的空间封闭图形,所有棱长都相等。它有4个面,6条棱,4个顶点。正四面体是最简单的正多面体。

用6个完全相同的正方形围成的立体图形叫正六面体(图3-21),也称立方体、正方体。正六面体是特殊的长方体。正六面体有8个顶点,每个顶点连接3条棱;有12条棱,每条棱长度相等;有6个面,每个面面积相等,形状完全相同;正六面体的体对角线为$\sqrt{3}a$,其中a为棱长。用一个平面截正方体,可得到的截面是三角形、矩形、正方形、梯形,还可以是五边形、六边形、菱形。

正八面体(图3-22)是5种正多面体的第3种,有6个顶点、12条边和8个面。它由8个等边三角形构成,也可以看作由上、下两个正四棱锥黏合而成,每个正四棱锥由四个正三角形与一个正方形组成。

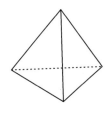

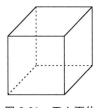

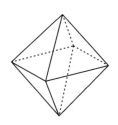

图 3-20　正四面体　　　图 3-21　正六面体　　　图 3-22　正八面体

正十二面体(图 3-23)是由 12 个正五边形所组成的正多面体,它共有 20 个顶点、30 条棱。正十二面体在生活中也应用广泛。一年有 12 个月,正十二面体正好可用来制作月历;五魔方就是正十二面体制作出来的魔方;硫化铁结晶体有时会出现接近正十二面体的形状。

正二十面体(Regular twenty aspect,图 3-24)是由 20 个等边三角形所组成的正多面体,共有 12 个顶点,30 条棱,20 个面。正二十面体的外接球、内切球、内棱切球都存在,并且三球球心重合。正二十面体的对棱、对面都平行。

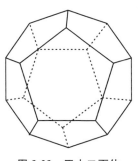

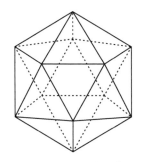

图 3-23　　正十二面体　　　　图 3-24　　正二十面体

正八面体、正十二面体、正二十面体的展开图如下(图 3-25、3-26、3-27),大家可以尝试折一折。

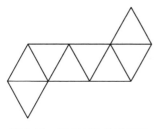

图 3-25　正八面体的展开图

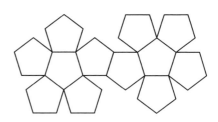

图 3-26　正十二面体的展开图

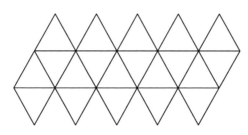

图 3-27　正二十面体的展开图

3.2.4　多面体欧拉定理

18 世纪,瑞士数学家欧拉证明了简单多面体中顶点数 V、面数 F、棱数 E 之间存在着一个有趣的关系式,这个关系式被称为欧拉公式。在上一节,我们介绍了五种正多面体,现在我们来看一下它们的顶点数 V、面数 F、棱数 E 之间的关系。

表 2　正多面体的顶点数、面数、棱数关系表

多面体	顶点数(V)	面数(F)	棱数(E)	关系
正四面体	4	4	6	$4+4-6=2$
正六面体	8	6	12	$8+6-12=2$
正八面体	6	8	12	$6+8-12=2$

多面体	顶点数（V）	面数（F）	棱数（E）	关系
正十二面体	20	12	30	$20+12-30=2$
正二十面体	12	20	30	$12+20-30=2$

　　欧拉发现，不论什么形状的凸多面体，其顶点数 V、面数 F、棱数 E 之间总有关系 $V+F-E=2$，此式称为欧拉公式。$V+F-E$ 即欧拉示性数，已成为拓扑学的基础概念。

　　欧拉是怎样发现这个定理的呢？我们设想一下欧拉发现这个定理的过程。

　　我们知道，平面多边形是用边的条数来分类的，例如三条边的是三边形，四条边的是四边形，……，n 条边的是 n 边形。那么，凸多面体是否也可以用它的面数 F 来分类？图 3-28、图3-29 这两个多面体的面数 F 同为 5，它们可以归成一类多面体。图 3-30 的面数 F 虽然也是 5，但是它的五个面中有四个三边形和一个四边形，前两个凸五面体的五个面却同是两个三边形和三个四边形。所以图 3-30 不能和前两个凸五面体归为一类，这说明仅用面数 F 来作为凸多面体分类的依据是不够的。

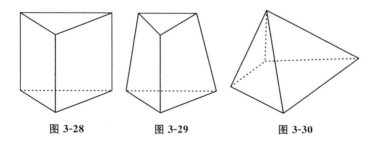

图 3-28　　　　　图 3-29　　　　　图 3-30

　　那我们增加一个参数，在看凸多面体的面数 F 的同时看顶点数 V。图 3-31 及图 3-32 这两个凸六面体有相同的面数（$F=6$），有相同的顶点数$(V=8)$。但是图 3-31 六个面中有两个三角形、两个四边形和两个五边形;而图 3-32 的六个面都是四边形。虽然它们的面数 F 和顶点数 V 都相同,但它们的结构显然大不相同。

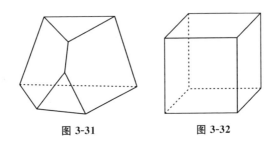

图 3-31   图 3-32

既然面数 F 和顶点数 V 不够作为凸多面体分类的依据,那么再加看棱数,是不是就行呢?事实上,图 3-31 及图 3-32 这两个凸六面体不仅有相同的面数$(F=6)$,相同的顶点数$(V=8)$,还有相同的棱数$(E=12)$。再试作各种面数 F 相等和顶点数 V 相等,但结构不同的凸多面体,结果必然是它们的棱数 E 也相等。而且进一步发现,无论结构怎样不同的两个凸多面体,尽管它们的面数 F 与顶点数 V 都不一样,只要当它们的面数 F 与顶点数 V 的和 $V+F$ 相等时,它们的棱数 E 也必然相等,并且总满足关系式 $E=V+F-2$,也就是 $V+F-E=2$。

由凸多面体分类的讨论,就引导我们发现了欧拉公式。

接下来,我们用欧拉公式来证明至多只有五种正多面体。

命题 1:如果一个凸多面体的每一个面都是 $n(n\geqslant3)$ 边形,而且每一个顶点都是 $m(m\geqslant3)$ 条棱的公共端点,则 n 与 m 的取值只有 5 种可能的组合。

证明:设这个凸多面体有 V 个顶点,E 条棱,F 个面。

因为 E 条棱的每一条是两个 n 边形的公共边,故在 F 个 n 边形的边数总和 nF 的计算中,是把 E 条棱的每一条都计算了两次,从而有

$$nF = 2E。$$

又因为每一条棱上有两个端点(顶点),而已知每一个顶点处都有 m 条棱,故在 V 个 m 条棱的棱数总和 mV 的计算中,也是把每一条棱都计算了两次,从而也有

$$mV = 2E。$$

根据 $V + F - E = 2$,两边同时乘以后,得:

$$2mV + 2mF - 2mE = 4m。$$

因为 $2mV = 2(2E) = 2nF$,

所以 $2nF + 2mF - mnF = 4m$,即 $(2n + 2m - mn)F = 4m$。

因为式子中的 F 和 m 都是正数,所以 $2n + 2m - mn > 0$,

即 $mn - 2n - 2m < 0$,

即 $(m-2)(n-2) < 4$。

从这个不等式很容易看出,满足这个不等式的组合 m 与 n 只可能是下表所列的五种:

	(一)	(二)	(三)	(四)	(五)
n	3	3	3	4	5
m	3	4	5	3	3
F	4	8	20	6	12
凸多面体	正四面体	正八面体	正二十面体	正六面体	正十二面体

命题 1 得证。

我们来尝试运用欧拉公式算一算：

例 1 某个玻璃饰品的外形是简单多面体，它的外表面由三角形和八边形两种多边形拼接而成，有 24 个顶点，每个顶点处都有 3 条棱，请问它一共有多少个面？

解：设多面体一共有 F 个面，已知顶点数 $V=24$，棱数 $E=24×3÷2=36$，

根据 $V+F-E=2$，代入得：$F=E-V+2=36-24+2=14$（个）。

答：这个玻璃饰品一共有 14 个面。

莫里茨·科内利斯·埃舍尔（M. C. Escher，1898—1972），荷兰科学思维版画大师。"艺术家中的数学家"是人们对埃舍尔的美称。埃舍尔的绘画作品充分展现了其理性思维和自然界的秩序美。他的绘画思路不同于那些依靠感性思维进行创作的艺术家，他的作品让人印象深刻的是其中的数学美。

埃舍尔对几何多面体情有独钟，各种多面体经常出现在他不同题材的画作中。在其作品《星》（Star，1948）当中，埃舍尔将不同的多面体分别以实体和棱边形式放在同一幅画里，形成群星闪烁、互相照耀的效果。我们知道，一共只有 5 种正多面体（又称柏拉图多面体，即各面都是全等的正多边形且每一个顶点所接的面数都是一样的凸多面体），即正四面体、正六面体、正八面体、正十二面体和正二十面体，我们在《星》这幅画（图 3-33）中全部可以找到。

然而埃舍尔不满足于此，他还利用正多面体的组合、叠加、互嵌等方式构造出更多的多面体，有的还被命名为埃舍尔多面

图 3-33　星

体。这幅画由飘浮在空中的多面体组成：正中的 1 个多面体，围绕它四周的 4 个小一些的多面体和其他作为背景的众多更小的多面体。正中最大的多面体由 3 个正八面体的棱边互嵌组成，并且其中缠绕着两条埃舍尔最喜欢的变色龙。

　　如果读者还看不太清楚，可以通过右下角那个小一些的与此相似的但为实体形式的多面体去理解。左上角的多面体由一个正八面体和一个立方体（正六面体）组成，右上角的多面体由两个四面体镶嵌而成，右下角的多面体由两个立方体镶嵌组成。

在埃舍尔另一幅作品《两个星体》（Double Planetoid, 1949）（图 3-34）当中，埃舍尔仍以多面体作为主体，寓意更为深刻，已超出了数学本身。埃舍尔充分利用了互嵌将两个不同颜色且分别是人文和自然风格的四面体穿插组合在一起，多面体的尖角被分别画成了楼顶和山峰。这幅画表达了人文和自然以及不同文化可以互相独立又可以融会贯通在一起。

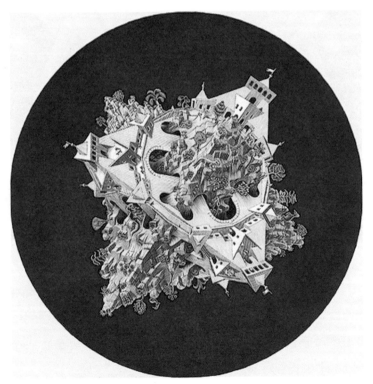

图 3-34 两个星体

3.2.5　曲面体

如果一个空间几何体的表面至少有一部分不是平面,而是曲面,则称它为曲面体。圆柱、圆锥、圆台、球等都是曲面体。

圆柱是由两个大小相等、相互平行的圆形(底面)以及连接两个底面的一个曲面(侧面)围成的几何体。圆柱是旋转体,如果从旋转角度来定义,圆柱是以矩形的一边所在直线为旋转轴,其余三边旋转形成的旋转体。

两个圆柱垂直相交得到的是什么几何体呢?

牟合方盖是两个等半径圆柱在平面上垂直相交的公共部分,因为像是两个方形的盖子合在一起,所以被称作"牟合方盖"(图 3-35)。

图 3-35　牟合方盖

牟合方盖是中国魏晋时期数学家刘徽在研究球的体积与球的直径之间的关系时,提出的问题。牟,意为相等;盖,意为伞。"牟合方盖"为垂直相交的 2 个相同的圆柱体的公共部分,由于它的形状如把两个方口圆顶的伞对合在一起,故取名"牟合方盖"。

阿基米德与祖冲之分别用不同方法计算出球体的体积是 $\frac{4}{3}\pi r^3$，r 为圆柱半径。祖冲之正是通过计算出牟合方盖的体积为 $\frac{16}{3}r^3$，从而推出了球体体积的计算公式。

球是以半圆的直径所在直线为旋转轴，半圆面旋转一周形成的旋转体，也叫作球体（图 3-36）。球的表面是一个曲面，这个曲面就叫作球面，球的中心叫作球心。

球还可以这样定义：在空间中到定点的距离等于或小于定长的点的集合叫作球体，简称球。

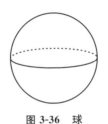

图 3-36 球

用一个平面去截一个球，截面是圆。球心和截面圆心的连线垂直于截面；球心到截面的距离 d 与球的半径 R 及截面的半径 r 有下面的关系：$r^2 = R^2 - d^2$。

球面被经过球心的平面截得的圆叫作大圆，被不经过球心的截面截得的圆叫作小圆。

在球面上，两点之间的最短连线的长度，就是经过这两点的大圆在这两点间的一段劣弧的长度，我们把这个弧长叫作两点的球面距离。

半径为 R 的球，表面积公式是 $S = 4\pi R^2$，体积公式是 $V = \frac{4}{3}\pi R^3$。

3.2.6　串珠球

　　串珠制作的工艺品有手链、耳环、动物、植物等等,亮晶晶的珠子密密匝匝地纵横连接在一起摆放在家里,美化居室,制作过程也让人充满成就感。这样精美复杂的工艺品(图 3-37),想学会编制其中一件,需要学习很长时间吗?

图 3-37　串珠

那要看怎样学!

　　比方说左下角的球,如果灵活运用数学思想,串编会变得简单。我们给串珠球来个特写镜头(图 3-38)。在这个球面上,有些地方 5 个珠子一圈,收紧成正五边形;有些地方 3 个珠子一圈,收紧成正三角形。这样,不必考虑一颗一颗又一颗,只要区分五边形和三角形,看起来清楚,穿起来便当,学起来就容易多了。串珠球简化成一个凸多面体,它的面是正五边形或正三角形,每条棱都是一个正五边形和一个正三角形的公共边。这种多面体称为半正多面体。它有 30 个顶点,60 条棱,32 个面。可以简单地把它叫作三十二面体。中国古代数学书里把它叫作"圆灯",因为它的形状很像小孩子玩的花灯。

　　类似的,还有中国数学家梅文鼎发现的"方灯",它有 12 个顶点,24 条棱,14 个面,可以简单地把它叫作十四面体(图 3-39)。

图 3-38　串珠球

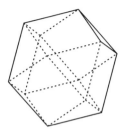

图 3-39　方灯

　　学会编球后,编动物就比较容易了。在球的基础上稍加变化,编出的串珠就可以用来做动物的头和身体。

　　数学让生活变得更美好!

4. 独特的思维方式

4.1　巧算与速算

数学运算是数学学科六大核心素养之一,无论横式、竖式,都需要我们运用自如,笔算是智慧快车的一把金钥匙。笔算时不但要会算法,还要明白算理,学生理解了计算的原理,就能突破数的计算。在理解的基础上完成的计算不再是单纯的计算,能着重培养学生的数学思维能力,全面激发左右脑潜能,开发全脑。

4.1.1　巧算

巧算包括乘法、除法的分配律、结合律、交换律,加法的交换律、结合律,等。这需要在某个算式中找出可以应用的定律,及每个数的分解数,就可以巧妙地算出答案了。

巧算的方法如下：

1.凑整

凑整法一般利用加法或乘法的交换律、结合律，乘法分配律，也可利用减法或除法的逆运算进行运算。

例 1 (1)$1.999+19.99+199.9+1999$

$=2+20+200+2000-0.001-0.01-0.1-1$

$=2222-1.111$

$=2220.889$；　　　　　　（减法逆运算、加法结合律）

(2)$125\times12\times8=125\times8\times12=1000\times12=12000$；

（乘法交换律）

(3)$20-8-2=20-(8+2)=20-10=10$；　　（加法结合律）

(4)$20\div8\div1.25=20\div(8\times1.25)=2$；　　（乘法结合律）

(5)$2.5\times(100+0.4)=2.5\times100+2.5\times0.4=250+1=251$。　　　　　　　　　　　　　　　　　（乘法分配律）

2.顺逆相加

这种方法一般用来求若干个连续数的和，数量再多、再大都不用怕。高斯小时候做过的"百数求和"题用的就是这种方法。

例 2　计算 $1+2+3+\cdots+98+99+100$

$=[(1+2+3+\cdots+98+99+100)+(100+99+98+\cdots+3+2+1)]\div2$

$=[(1+100)+(2+99)+\cdots\cdots+(99+2)+(100+1)]\div2$

$=101\times100\div2$

$=5050$。

3.拆数加减

这种方法是主要利用分数的加减乘除。在分数的加减法运算中,把一个分数拆成两个分数相减或相加,逐一抵消进行计算,很简便!

例 3　计算 $\frac{1}{2}+\frac{1}{6}+\frac{1}{12}+\frac{1}{20}+\frac{1}{30}+\frac{1}{42}+\frac{1}{56}$

$=\frac{1}{1\times 2}+\frac{1}{2\times 3}+\frac{1}{3\times 4}+\frac{1}{4\times 5}+\frac{1}{5\times 6}+\frac{1}{6\times 7}+\frac{1}{7\times 8}$

$=\left(1-\frac{1}{2}\right)+\left(\frac{1}{2}-\frac{1}{3}\right)+\left(\frac{1}{3}-\frac{1}{4}\right)+\left(\frac{1}{4}-\frac{1}{5}\right)+\left(\frac{1}{5}-\frac{1}{6}\right)$

$+\left(\frac{1}{6}-\frac{1}{7}\right)+\left(\frac{1}{7}-\frac{1}{8}\right)$

$=1-\frac{1}{2}+\frac{1}{2}-\frac{1}{3}+\frac{1}{3}-\frac{1}{4}+\frac{1}{4}-\frac{1}{5}+\frac{1}{5}-\frac{1}{6}+\frac{1}{6}-\frac{1}{7}+\frac{1}{7}-\frac{1}{8}$

$=1-\frac{1}{8}=\frac{7}{8}$。

4.同分子分数加减

分子相同,分母互质的两个分数相加(减)时,结果是用原分母的积作分母,用原分母的和(或差)乘以相同的分子所得的积作分子;分子相同,分母不互质的两个分数相加减,也可按上述规律计算,只是最后需要注意把得数化为最简分数。

例 4　(1) $\frac{2}{5}+\frac{2}{7}=\frac{(5+7)\times 2}{5\times 7}=\frac{24}{35}$;

(2) $\frac{6}{7}-\frac{6}{11}=\frac{(11-7)\times 6}{7\times 11}=\frac{24}{77}$;

(3) $\frac{5}{6}-\frac{5}{8}=\frac{(8-6)\times 5}{6\times 8}=\frac{10}{48}=\frac{5}{24}$。

4.1.2　速算

1. 两位数加减法的心算

两位数和两位数相加:(1)不进位,心算是最容易的。记住要从高位算起。例如 $53+46$,应当先算 $5+4=9$,把结果"9"报出来,然后算出 $3+6=9$,接着报出"9"。要是先算个位 $3+6=9$,像笔算那样,你就要先在脑子里记住这个 9,同时又去算 $5+4=9$,增加了大脑的记忆负担。(2)进位,仍应当从高位算起,但是要用"先加后减"的方法来代替进位手续。例如:$27+58$,在脑子里可以把它转换为 $27+60-2$,便可以应声说出 85.又如 $45+87$,可想成 $45+90-3$,先报出"130",再算出 $5-3=2$,接着报出"2"。

两位数减去两位数或一位数:(1)个位够减,从高位到低位,边算边报结果。(2)个位不够减,就用先减后加的办法。如 $62-27$ 可想成 $62-30+3$,$54-9$ 可想成 $54-10+1$,这就避免了进位的周折。

多位数的加减法,只要你能记得住题目中的数字,就能用类似的方法心算。窍门有两个:(1)从高位到低位,边算边报出结果。计算时注意进位与借位,如有进位与借位,可以预先进上或借走。(2)两数相加大于 9 时,可用一个数减另一数的"补数"。两数相减不够减时,可用被减数加上减数的"补数"。所谓补数,就是能和该数凑成 10 的数。如:2 的补数是 8,6 的补数是 4。

举例 1:多位加法计算"$2693+5754$",先算 $2+5=7$,照顾到后面 $6+7$ 要进位,就预先进一位,报出结果的首位"8",接着 $6+$

7,可按 6−3 得出 3,因为 7 的补数是 3。照顾到后面 9＋5 要进位,报出结果"4"。然后把 9＋5 按 9−5 算,报结果"4",最后个位 3＋4＝7 就不成问题了。报结果时声音略拖长一点,显得迅速准确而且从容不迫。

举例 2:多位减法计算"8568−4795",照顾到百位不够减,从 8−4＝4 预借 1,报出"3"。下面的 5−7 按 5＋3 算出 8,照顾到后面不够减,报出"7",然后 6−9 按 6＋1＝7,报出"7",最后 8−5＝3 肯定没有问题。

若我们用笔算的方法由低位开始算,在整个过程中要记住全部已得到的结果,当然不利于心算。

2.两位数平方的速算

个位数是 5 的两位数的平方的速算方法:把它的十位数加 1 与十位数相乘,后面写上 25 就行了。照这个办法,35 的计算方法是(3＋1)×3 得 12,后面添上 25,即 $35^2＝1225$。

个位数小于 5 的两位数的平方也可以速算:把这个两位数和它的个位数相加,再与它的十位相乘,所得的积后面添上 0,加上个位数的平方即可。例如 $54^2＝(54＋4)×50＋16＝2900＋16＝2916$。

个位数大于 5 的两位数的平方速算方法是:把这个两位数减去它的个位数的补数,乘上它的十位数与 1 之和,补 0,加上个位数的补数的平方。例如:$58^2＝(58−2)×(5＋1)×10＋4＝56×60＋4＝3364$。

这些速算方法的道理何在呢?请看下列三个恒等式,它们依次说明了三种方法:

(1)$(10a＋5)^2＝100a^2＋100a＋25＝100a(a＋1)＋25$;

(2) $(10a+b)^2=100a^2+20ab+b^2=10a(10a+2b)+b^2$;

(3) $(10a-b)^2=100a^2-20ab+b^2=10a(10a-2b)+b^2$。

这些方法也适用于三位数或四位数的平方计算。例如：

$235^2=23\times(23+1)\times100+25=55225$;

$413^2=400\times426+169=170569$;

$577^2=600\times554+23^2=332400+529=332929$。

3.两位数乘法的速算

计算 53×57，掌握了窍门的人能立即写出答案 3021，这里 "21" 是两个个位数 3 与 7 之积，而 30 是 $5\times(5+1)$，这个 "5" 是这两个数公共的十位数字。类似地，$73\times77=5621$，这里 $56=7\times(7+1)$，而 $21=3\times7$. 道理很简单：

当 $b+c=10$ 时，有：$(10a+b)(10a+c)=100a^2+10a(b+c)+bc=100a(a+1)+bc$。

类似地，当 $b+c=10$ 时：

$(10a+a)(10b+c)=100a(b+1)+ac$;

$(10b+a)(10c+a)=100(bc+a)+a^2$。

于是，可以迅速算出：$55\times46=100\times5\times(4+1)+5\times6=2530,28\times88=100\times(2\times8+8)+8\times8=2464$。

如果 $b+c$ 比 10 略大或略小，可在上述计算的基础上略加调整，所用的公式是：

$(10a+b)(10a+c)=100a(a+1)+bc+10(b+c-10)a$;

$(10a+a)(10b+c)=100a(b+1)+ac+10(b+c-10)a$;

$(10b+a)(10c+a)=100(bc+a)+a^2+10(b+c-10)a$。

分别各举一例：$57\times54=100\times5\times(5+1)+7\times4+(7+4-10)\times5\times10=3028+50=3078,44\times75=100\times4\times(7+1)+4\times$

$5+(7+5-10)\times4\times10=3220+80=3300,68\times58=100\times(6\times$

$5+8)+8\times8+(6+5-10)\times8\times10=3864+80=3944$。

如果 $b+c=5$ 而 a 为偶数,也可以用类似方法速算。

如:$61\times64=100\times6\times6+(6\div2)\times100+1\times4=3904$。

试试用速算法计算 66×32 和 38×28:

$66\times32=100\times3\times6+2\times6+300=2112$;

$38\times28=100\times3\times2+8\times8+400=1064$。

以此为基础,还能找出别的速算窍门。例如,当 a 与 6 相差为 1、2,而 $c+d=10$ 时计算 $(10a+c)(10b+d)$,$(10c+a)(10d+b)$,$(10a+b)(10c+d)$,等等。

类似的办法不少,你也可以尝试着去发现!

4.2 逻辑与推理

4.2.1 命题

逻辑推理,即为判断话的真假,但并非每句话都有真假。"您多大年纪啦?"这是个疑问句。疑问句无所谓真假。"祝大家新春如意!""请勿抽烟。""气死我了!"这里有祈使句,有感叹句,也没有什么真假之分。

数理逻辑研究的是判断句、陈述句。判断和陈述,对就对,错就错,真就真,假就假,不能含糊其词,模棱两可。这种要么真、要么假的句子,叫作命题。

"月亮是地球的卫星""$7>5$""$(a+b)^2=a^2+2ab+b^2$""狗

是哺乳动物""平行四边形的对角线互相平分",这些都是真命题。"鲸是鱼类""2 是无理数""诗人李白是汉代人",这些是错的,却仍是命题,是假命题。"火星上有生物""人类在 21 世纪能征服癌症",这些句子,究竟是真是假,由于我们的知识不够无法判断。但从道理上说,它们不是真的就是假的。所以尽管我们不知道它们是真是假,仍然承认它们是命题。

可以用一个字母表示一个命题。如果命题 A 是真的,就说"A 的真值为 T",记作 $A=T$,A 是假的,就说"A 的真值为 F",记作 $A=F$,这里的 T 和 F 分别代表 True 和 False。

下面我们来看几个逻辑趣题:

(1)猜星期几

昨天,小明爸爸对两个孩子说道:"每逢假期,我都记不清日子,今天是星期几?"

小明说:"星期三。"

姐姐说:"不对,是星期四。"

妈妈从厨房出来问道:"那明天星期几啊?"

小明说:"星期日。"

姐姐说:"星期六。"

妈妈又问道:"噢,那昨天是星期几?"

小明说:"星期一。"

姐姐说:"星期二。"

妈妈笑道:"你俩每个人都答对了一个问题,答错了两个。"

你知道今天是星期几吗?

【揭秘】今天是星期四。根据题意,谈话是在昨天发生的,小明的回答暗示了谈话的日期是星期三或星期六或星期二。姐姐的回答暗示了谈话的日期是星期四或星期五或星期三。姐弟俩唯一共同的日子是星期三,因此对话发生的那天是星期三。

(2)猜出生年份

在 2001 年 12 月 31 日,都不到 60 岁的张三和李四在谈论日历。

张三说:"我父亲活到了 100 岁,曾经有一年是他的年龄的平方!"

李四道:"哈,尽管我不知道我能不能活到 100 岁,但将来有一年是我的年龄的平方。"

你知道张三的父亲是哪一年去世?李四又是哪一年出生的?

【揭秘】根据题意,提及的平方数应该在 2001 前后。又因为 $44^2 = 1936, 45^2 = 2025$。由这一数据可以推算,张三的父亲生于 $1936 - 44 = 1892$ 年,死于 1992 年。李四生于 $2025 - 45 = 1980$ 年。对于其他的可能性我们也都可以排除,若张三的父亲出生的年份是 $43^2 - 43 = 1806$ 年,那他会死于 1906 年,这样张三就会超过 60 岁了;若李四的出生年份是 $46^2 - 46 = 2070$ 年,那样他不可能在 2001 年之前出生。

4.2.2　推理

推理是一种思维过程,可是思维却不一定是推理。甜蜜的回忆、愉快的遐想,是思维活动,并非推理。

如果你在推证一个几何定理,或根据物理定律设法解释一种现象,或猜谜,或在检查一台电视机的故障情况,这时,你的大脑里往往要进行一种特定的思维活动——推理。从一些事实或陈述出发,按照一定的模式去寻找新的信息,这是推理。

见到 1 只乌鸦是黑的,2 只也是黑的,100 只都是黑的,因而断言"天下乌鸦一般黑",这种从大量经验事实出发,做出判断的方法,叫归纳推理。数学家提出猜想,往往借助于归纳推理。

从一些给定了的命题出发,利用逻辑,一步一步推演出新的命题,这叫演绎推理。从牛顿三大定律和万有引力定律推出行星绕日走的是椭圆轨道,从几何公理推出三角形内角和是 180 度,用的是演绎推理。

有些演绎推理,推理过程要依赖命题的具体内容,例如:"命题 A:p 整除 q;命题 B:q 整除 r;命题 C:p 整除 r。"从 A、B 能推出 C。但是推理时一定需要用到"整除"的含义,如果我们不知道什么叫整除,就无法完成这个推理。

有些推理过程,不涉及命题的具体内容。例如:A:a 是素数;B:a 是完全数。

$\overline{B}$:a 不是完全数;$A+B$:a 是素数或 a 是完全数。则从 $(A+B)\overline{B}$ 能推出 A(也就是从"a 不是完全数",并且"a 是素数或 a 是完全数",就能推出"a 是素数")。在推理过程中,不必知道什么叫素数,什么叫完全数。

用"·"表示"推出",刚才所说的推理过程可以用一个公式来展示:

$(A+B)\overline{B}\cdot A$。这个公式永远成立,不管 A、B 是什么命题。

像这种不依赖命题内容的推理公式是很多的,你可以尝试着去找寻一下。

数学推理

有人问一位艺术家是怎样雕刻出栩栩如生的人像来的,艺术家回答说:"拿一块石头来,把多余的部分去掉就是了。"这就是说"法无定法"。数学推理也是如此,很难说用什么方法能解决什么数学问题。但是,艺术家的创造虽无固定模式,他所用的工具却可以一一列举。每种工具也有一定的基本用法。解决数学问题虽无固定模式,但数学推理常用的方法却大体上可列出那么几种。

1.构造法

把事实摆出来,是说服人的有效方法。比如二次方程 $x^2+px+q=0$,当 $p^2>4q$ 时有两个不同的实根。这两个实根具体写出来为:$x_1=\dfrac{1}{2}(-p+\sqrt{p^2-4p})$;$x_2=\dfrac{1}{2}(-p-\sqrt{p^2-4p})$。

最早的数学活动,解决的是生产和生活实际中的计算问题。这要求给出具体的答案和切实可行的方法。这样看来,构造法是人类最早掌握的数学方法。写出公式是构造法。没有公式,找出计算方法也是构造法。求两个正整数的最大公因数没有公式,但有"辗转相除法"——也叫作欧几里得算法。四则运算的"竖式",其实也是算法。现在,大家广泛使用电脑,用电脑解数学题,也要有具体的程序——也就是算法。所以,构造法在数学中,不仅古老,而且地位很重要。构造法不限于推导公式或给出算法。它在数学中的作用是多种多样的。下面举几个简单的例子:

例 1 求证:在任意两个有理数 a 与 b 之间一定还有有理数。

证明：取 $c=\dfrac{1}{2}(a+b)$，则 c 就是 a 与 b 之间的一个有理数。

例 2　有没有 2000 个连续自然数，它们都是合数？

解：有。如 $2000!+2$，$2000!+3$，$2000!+4$，…，$2000!+2001$，这 2000 个数便是，它们顺次有约数 2，3，4，…，2001。

除了上述的例子外，还可以用一个具体的图形或实例来证明某个较抽象的等式或不等式，这种方法在数学推理中经常使用。古老的勾股定理的众多证法中，大都用的是构造模型的方法。但是，在数学推理中只用构造法是不够的，必须配合别的方法，如反证法。

2. 反证法

相互矛盾的两个判断，如果一个错了，另一个一定是对的，这在逻辑上叫作"排中律"。根据这个道理，要证明一条数学命题成立，只要证明"这条命题不成立"是错的就可以了。这就是反证法的基本思想。人们早就知道，反证法是一种有力的推理方法，如"$\sqrt{2}$ 不是有理数"，就是在 2000 多年前用反证法证出来的。另一个古老的应用反证法的例子是欧几里得证明"素数无穷"的方法：如果有一个最大的素数 P，则 $P!+1$ 不可能被 2，3，4，…，P 中的任一个整除，因而 $P!+1$ 是比 P 更大的素数，这是矛盾的，所以没有最大的素数，即素数无穷！

用反证法证题，一般有三步：

第一步是"反设"——假设要证的命题不真；

第二步是"归谬"——从反设出发进行推理，直到推出矛盾；

第三步是"结论"——由刚才推出的矛盾断定"反设"是错的，所证命题正确。

也有数学家研究了这么个问题:"不用反证法行不行?"结果证明:如果不用反证法,有些定理是证明不出来的。反过来,凡是能用其他方法证明的命题,一定可以用反证法证明。因此,当你感到一个题目不好直接从公理、定义或题设条件推证时,别忘了用反证法试试。特别是,当命题中有"否定判断"的词句——例如"没有什么""不是什么""不能如何"等用语时,往往要用反证法才能奏效。下面看这样一个例子:

例 1 求证:对任何正整数 $n \geqslant 2$, $\frac{1}{2} + \frac{1}{3} + \cdots + \frac{1}{n}$ 都不是整数。

证明:(反证法)设 $\frac{1}{2} + \frac{1}{3} + \cdots + \frac{1}{n} = h$ (1), h 是整数。

设 $2^a \leqslant n < 2^{a+1}$,则在 $2, 3, \cdots, n$ 中,只有 2^a 能被 2^a 整除。用 $2, 3, \cdots, n$ 的最小公倍数 m 乘(1)式两端,则因 m 能被 2^a 整除而不能被 2^{a+1} 整除,故左端得奇数而右端得偶数。推出矛盾。这证明了 h 不是整数。

3.数学归纳法

长长的一列士兵走在路上。将军把一句口令告诉最前面的士兵,这个士兵开始把口令往后传。如果每个士兵听到口令之后都往后传,这口令自然会传遍全军。类似地,如果有一连串句子,按顺序一个一个排好了,也会产生这种多米诺骨牌现象:如果第一句是正确的,又知道如果某一句是正确的,则下面那一句也对,那么,这里每一句话都不会错。如果命题和一自然数 n 有关,n 取 $1, 2, 3, \cdots$,便有了一连串命题。数学归纳法是证明任意一个给定的情形都是正确的(第一个,第二个,第三个,一直下去

概不例外)的数学定理。即数学归纳法是证明当 n 等于任意一个自然数时某命题成立。证明分下面两步:

(1)证明当 $n=1$ 时命题成立。

(2)假设 $n=m$ 时命题成立,那么可以推导出在 $n=m+1$ 时命题也成立。(m 表示任意自然数)

它的原理在于:首先证明在某个起点值时命题成立,然后证明从一个值到下一个值的过程有效。当这两点都已经证明,那么任意值都可以通过反复使用这个方法推导出来。把这个方法想成多米诺效应也许更容易理解一些。

假设 你有一列很长的直立着的多米诺骨牌,如果你可以:

(1)证明第一张骨牌会倒。

(2)证明只要任意一张骨牌倒了,那么与其相邻的下一张骨牌也会倒。骨牌一个接一个倒下就如同一个值接下一个值。

那么便可以下结论:所有的骨牌都会倒下。

图 4-1　骨牌

4.枚举法

枚举,就是把要讨论的问题分成若干个具体情形,一一考察,各个击破。我们当然不希望用这种办法做题,但有时没有别的更好的办法,也只有用枚举法了。例如,要问 137 是不是素数,只要检查一下,比 $\sqrt{137}$ 小的素数是不是 137 的因数? 小于

$\sqrt{137}$ 的素数有 2、3、5、7、11 这五个。逐个验算,都不是 137 的因数,所以 137 是素数。

有些有趣的问题,也是用枚举法解决的。比如:在一张纸条上写下两个自然数 x 与 y 之和,交给数学家甲。在另一张纸条上写下这两个自然数的积,交给另一个数学家乙。两人都被告知,x、y 都是大于 1 而且不超过 40 的整数。

甲乙两位数学家在电话中讨论。甲说:"我断定,你不可能知道我手中是什么数。"乙回答说:"是的,我不能肯定你的数是什么。"过了一会,甲说:"可是,现在我知道你的数了!"乙回答说:"那我也知道你的数了!"现在请问,x、y 各等于多少? 他们两人又是如何知道对方手中的数字呢? 从反面想,如果乙手中的数是两个素数之积(如 $6=2\times3,9=3\times3,15=3\times5$),乙马上可猜出甲手中是这两个素数之和。甲能断定乙不知道他手中的数,可见甲手中的数不是两个素数之和。因此我们便知道(乙也知道)甲手中的数不外是 11、17、23、27、29、35、37 这七种可能。让我们一一分析各种情形:

如果甲手中的数是 37,因 $37=2+35=3+34=\cdots$,故乙手中的数有可能是 $2\times35=70,3\times34=102$,等等。如乙手中的数是 $70=7\times10$,乙可能猜想甲手中的数是 37,也有可能猜想甲手中的数为 17。如乙手中的数是 $102=6\times17$,则甲手中的数为 23 或 37。总之,两种情形之下乙都可能猜错。故甲从乙的"不能肯定"无法确定乙手中的数是 70,还是 102,或别的。然而甲知道了,故甲手中不是 37。

同理,若甲手中的数为 35,$35=33+2=13+22=\cdots$,乙手中的数可能为 $33\times2=66,13\times22=286,\cdots$,若为 $66=6\times11$,乙

可能猜 17,若为 $286=26\times11$,乙可能猜 37。两种情形都有可能猜错。甲无法知道乙是 66 还是 286。故甲手中的数不是 35。

同理,$29=24+5=20+9=\cdots$,乙手中的数可能是 $24\times5=120,20\times9=180,\cdots$,而 $120=8\times15,180=12\times15$,乙可能错认为甲手中的数是 23 或 27。故甲手中的数不是 29。

同理,$27=24+3=12+15=\cdots$,再由 $24\times3=72=8\times9$,而 $8+9=17;12\times15=180=20\times9$,而 $20+9=29$。甲非 27。同理,$23=20+3=15+8$。而 $20\times3=60=5\times12,5+12=17;15\times8=120=24\times5$,而 $24+5=29$。甲非 23。

同理 $17=15+2=14+3$,再由 $15\times2=30=5\times6,5+6=11;14\times3=42=2\times21$,而 $2+21=23$。故甲非 17。

剩下一种可能:甲手中是 11。由于 $11=2+9=3+8=4+7=5+6$,故甲可以判断乙手中不外是 $2\times9=18,3\times8=24,4\times7=28,5\times6=30$ 这四种情形。若乙手中为 18,$18=2\times9=3\times6$,故乙只能猜甲为 $2+9=11$ 或 $3+6=9$,而 9 是不可能的,于是乙能肯定甲为 11。但乙说他不能肯定,故乙非 18。

同理若乙为 $24=3\times8=4\times6=2\times12$,乙可猜甲为 11、10、14,而 10 与 14 不可能,乙知甲为 11。这不可能,故乙非 24。

同理,由 $28=4\times7=2\times14$,而甲不可能是 $14+2=16$,乙知甲为 11。这不可能,故乙非 28。最后,若乙手中是 $30=5\times6=2\times15=3\times10$,乙可能猜甲手中的数为 11 或 17(13 不可能),这两个可能性都存在。因而乙不能肯定甲手中是什么。这时,甲在乙表示"不能肯定"时断言乙手中是 30。甲能断定乙手中是什么之后,乙也知道了甲手中只能是 11。上述过程淋漓尽致地展现了枚举法的应用。

4.3　错觉与悖论

数学中的错觉是指似是而非的论证,悖论是指自相矛盾的命题。数学中的错觉虽是谬误的,但对数学研究和数学教学中所出现的典型错觉、误证如能仔细审读,查明其原因所在,在穷根究底的过程中对某些概念、判断加深理解,是正面教育以外不可缺少的补充。有些不错的例子能使人们耳目一新,在一笑置之之余,能起到注射"预防针"的作用。自相矛盾的悖论使人困惑。有时当制约条件变化后,矛盾就解除了。新的矛盾和制约条件的产生和改变,引起了人们认识的提高甚至飞跃。错觉和悖论都是指对客观事物的感知由于认识肤浅、一时疏忽、判断错误所产生的认识反常现象。

4.3.1　错觉

1.视力错觉

常言道百闻不如一见,似乎视觉比听觉更可靠。但是视觉也未必可信,它的可靠程度低于实测,更低于推理。下面我们选录一些大家可能在各类书刊中遇到过的视力错觉的例子。这些例子可能似曾相识,但把它们分门别类加以汇总,另有一番情趣。如果在课堂教学或课外活动中适当介绍有关的内容,则可以生动地说明:单凭直觉不可贸然做出结论。观察仅是认识事物的最初步的手段,即使动手度量实测也不见得准确。除了观察以外还有许多检验真实性的手段,例如计算、验证、推理等。

长短

观察图 4-2 和图 4-3,视觉上,图 4-2 的三条线段中间的线段最长,图 4-3 的上面的线段比下面的线段长,但经过测量发现两个图中的线段分别都是相等的。

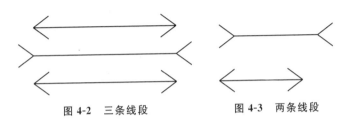

图 4-2　三条线段　　　　图 4-3　两条线段

大小

观察图 4-4 和图 4-5,视觉上图 4-4 右侧图的黑圆好像大一些,左侧图的黑圆小一些,图 4-5 右侧图中心的圆大一些,左侧图中心的圆小一些,但事实上两个图的左右两侧中心的圆都是一样大小的。

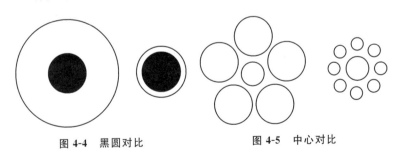

图 4-4　黑圆对比　　　　图 4-5　中心对比

共线

观察图 4-6 和图 4-7,视觉上图 4-6 的三条线段好像是异线,图 4-7 的两条线段好像也是异线,但事实上是共线的。

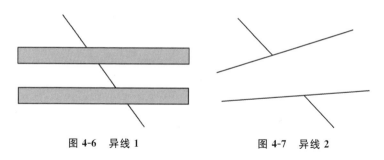

图 4-6　异线 1　　　　　　　　图 4-7　异线 2

平行

观察图 4-8 和图 4-9,视觉上图 4-8 的线段都是相交的,图 4-9 的两条线段不平行,但事实上它们都是平行线。

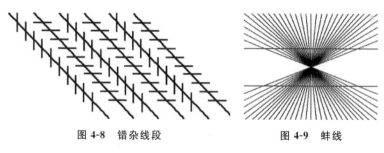

图 4-8　错杂线段　　　　　　　图 4-9　蚌线

变形

观察图 4-10 和图 4-11,视觉上图 4-10 的线段都是扭曲的,图 4-11 的线段也是扭曲了,但事实上它们都是平行线。

图 4-10　变形线 1

图 4-11　变形线 2

视错觉

1. AB栏中的灰色矩形颜色是否不一样？

其实完全一样。

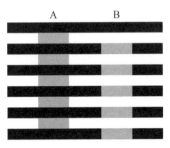

图 4-12　怀特错觉

澳大利亚心理学家迈克尔·怀特(Michael White)于1979年发现了这种著名的效应,它被称为怀特错觉。

2. 你看到是一位年轻的女子还是老太太?

图 4-13　我的妻子和岳母

这幅画作名为《我的妻子和岳母》,是世界上最著名的视错觉之一。不同的人可以从图中看出不同的女性形象——一位年轻的女子或者是老太太。

根据澳大利亚两位心理学教授进行的一项研究,在这幅图中能先看出什么形象,还与我们的年龄有关。年轻的人会先看到年轻的女人,而年长的人会先看到年长的女人。

3.你能看出这幅图中的 12 个黑点吗？

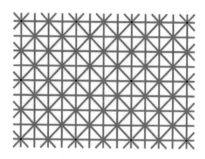

图 4-14　黑点图

之所以会产生这种效果，其实是因为人类并不能很好地处理周边视觉，在一些特殊情况下，我们的大脑只能做出它所能做的最好的猜测来填充信息。比如，上图中灰线之间的白色会让你的大脑认为这些黑点比它们实际的颜色要浅。因此，它会猜测点不在那里，从而自动脑补成灰色。

4.你认为图中是沙坑还是沙丘？

图 4-15　沙漠正图

当然是沙坑啦！不过如果我们把这张图片颠倒一下，似乎会有不一样的发现……

图 4-16　沙漠倒图

2013 年,欧洲航天局宇航员卢卡·帕尔米塔诺在沙漠上空飞行了几百公里,并拍下了上面这张照片。这个错觉原理其实很简单。这是因为我们的大脑习惯了太阳光从上方照射,当阴影在上亮面在下时,我们会默认物体是凹面,而当阴影在下亮面在上时,就会默认物体是凸面,因此当图像颠倒后,其阴影也随之变化,我们的视觉认知自然也就不一样了。

2. 意识错觉

数学研究和数学教学在意识上曾出现过许多似是而非的问题,这是指结论谬误,而在论证过程和论证方法上似是而非,下面我们就一起来看看这些问题。

作图错误

例 1　过线外一点可作两条直线垂直此直线。

证明:如图 4-17,作任意两圆交于点 Q,R,作直径 QP,QS. 连接 PS,交两圆于 M 及 N,得 $\angle PNQ = \angle SMQ = \dfrac{\pi}{2}$,则 $QM \perp PS, QN \perp PS$。

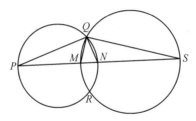

图 4-17　相交两圆

评说:作图的错误导致证明错误,PQ 和 QS 并不是直径。

疏忽条件

例 2　设 $a \neq b$,求证:$a = b$.

证明一:设 $c = d$,则 $ac = ad$,$bd = bc$,于是 $ac + bd = ad + bc$,

$ac - ad = bc - bd$,$a(c - d) = b(c - d)$,

因此 $a = b$.

证明二:$a^2 - (a + b)a = -ab$,$b^2 - (a + b)b = -ab$.

于是 $a^2 - (a + b)a = b^2 - (a + b)b$,

两边配方得 $a^2 - (a + b)a + \left(\dfrac{a + b}{2}\right)^2 = b^2 - (a + b)b + \left(\dfrac{a + b}{2}\right)^2$,

即 $\left(a - \dfrac{a + b}{2}\right)^2 = \left(b - \dfrac{a + b}{2}\right)^2$,

则 $a - \dfrac{a + b}{2} = b - \dfrac{a + b}{2}$,即 $a = b$。

评说:证明一假设 $c = d$,可见 $c - d = 0$,在得出结论之前,却两边同除 $c - d$,相当于等式两边同时除以 0!证明二忽略算术根的取值规定,没有对 a 的值进行讨论。本题前提是 $a \neq b$,下结论之前在开平方运算中应注意到 $a - \dfrac{a + b}{2} = \dfrac{a - b}{2}$ 与 $b - \dfrac{a + b}{2} = \dfrac{b - a}{2}$,两者一正一负且绝对值相等。

偷换概念

例 3 老人把 19 头牛分给三个儿子,老大分得总数的 $\frac{1}{2}$,

老二得 $\frac{1}{4}$,老三得 $\frac{1}{5}$。按照当地宗教习惯,牛被视为神物,不准宰杀,必须整头分。19 头牛该怎样分?有人牵来另一头牛,说:"这件事好办,我的牛借给你们,凑成 20 头。老大分得 10 头,老二、老三各得 5 头,4 头。余下一头还给我。"(古印度民间故事)

评说 类似这种分法,在我们的小学数学教科书中曾经出现过:三个小朋友分 17 支铅笔,每人分得其中的 $\frac{1}{2}$,$\frac{1}{3}$,$\frac{1}{9}$。不知道如何分的时候,走来了另一个小朋友,借给他们一支铅笔。三个小朋友分别得 9,6,2 支,把剩的一支还回去。

前提不真

例 4 求证 $\sqrt{3}+\sqrt{5}$ 是无理数。

证明:因为 $\sqrt{3}$ 和 $\sqrt{5}$ 都是无理数,所以它们的和也是无理数。

评说:该证明的大前提是错误的,比如:lg 2,lg 5 都是无理数,但是它们相加 lg 2+lg 5=lg 10=1 恰恰是有理数。

4.3.2 悖论

悖论是自相矛盾的命题。如果承认这个命题,就可以推出它的否定。反之,如果承认这个命题的否定,又可推出这个命题。在数学中,正确思维的形式逻辑有四律:同一律、矛盾律、排中律和充足理由律。同一律是说,在一定条件下论证过程中概念 A 自始至终是 A。矛盾律是说，概念 A 不是非 A。排中律是说，是概念 A 或不是 A，二者必居其一。充足理由律要求论证必须有足够根据：之所以有 A，是因为有 B。同一律和充足理由律使论证基础扎实，前后一贯。矛盾律保证命题不自相矛盾，语无伦次。而排中律是概念分类和反证法的依据，以其鲜明的排他性在数学推理中起到相辅相成的重要作用。

我们一起来看这样两个例子：

例 1 楚人有卖盾与矛者。誉之曰："吾盾之坚，物莫能陷也。"又誉其矛曰："吾矛之利，于物无不陷也。"或（有人）曰："以子之矛，陷子之盾，何如？"其人弗（勿）能应也。（《韩非子·难一》）

例 2 孔子东游，见两小儿辩斗。问其故。一儿曰："我以日始出时去人近，而日中时远也。"一儿曰："初出远，而日中时近也。"一儿曰："日初出，大如车盖。及日中则如盘盂，此不为远者小，而近者大乎？"一儿曰："日初出，沧沧凉凉，及其日中，如探汤，此不为近者热，而远者凉乎？"孔子不能决也。两小儿笑曰："孰（谁）谓汝（你）多知也？"（《列子·汤问》）

悖论分语言悖论和数学悖论两类。某些语言悖论如"楚人卖矛盾"的例子无论是在过去、现在还是未来都是自相矛盾的，它是不能肯定，也不能否定的永恒悖论，在数学基础研究中有特殊意义。数学悖论属于暂时悖论，它是相对于某一理论系统而言的。暂时悖论是指人们知识相对肤浅，在一定时期对命题不置可否，如"小儿辩日"的例子，当天文学、气象学、物理学知识逐渐进步，此命题归结为"早晨与中午时太阳与人距离是相等的"，悖论终被否定。当人们对客观世界的认识有所提高，悖论就不再悖理了，而成为人们的常识或共识。我们讨论矛盾、制约条件的演变是为了了解数学悖论在数学发展史上所起的重要作用。例如引入负数以前,被减数小于减数的减法,引入虚数以前,负数开平方,这些都被认为是有悖常理的。但当制约条件改变,新概念建立以后,原先的不合理现象就顺理成章,理所当然了。由于新观念的引入而违背了传统观念,一时的悖论也就不悖了。2000 多年来数学三次危机的产生和解决,说明悖论的兴起和消亡正是推动数学发展的动力。

1. 语言悖论

例 1 Epimender(公元前 6 世纪古希腊克里特岛岛上的人)说:"克里特岛岛上每个人的每句话都是谎话。"请问:"这句话是真话还是谎话?"

评说:如果这是真话,而 Epimender 是克里特岛岛人,则他必然说谎话。如果这是谎话,则他必然说真话,这是永恒的悖论。

例 2 古希腊善跑者 Achilles 和乌龟赛跑。乌龟在前,Achilles 在后。虽然后者跑得快,但当他到达乌龟原所在地时,乌龟早已爬向前一段距离。当 Achilles 再次跑到乌龟所在地时,乌龟又已向前爬一段……因此快跑者无论如何追不上乌龟。

评说:很显然快跑者出发不久后便能追上乌龟,这就否定了这一悖论。

例 3 先有鸡还是先有蛋?这是一个广泛流传于世界的趣题。如果认为地球上的生物从来都像今天这样,那当然无所谓最早的鸡,也无所谓最早的蛋,就像没有最小的负整数一样。可是更为可信的是,最早的地球上没有生物,没有鸡也没有蛋。

鸡是后来才有的。这么看来,"鸡与蛋哪个在先"就是个有意义的问题了。不过,涉及最早的鸡与蛋时,不能含糊,而要严格化。要定义清楚:什么叫鸡蛋?

一种定义方法是:鸡生的蛋才叫鸡蛋。按这个定义方法,一定是先有鸡。最早的鸡当然也是从蛋里孵出来的。但是按定义,它不叫作鸡蛋。

另一种定义方法是:能孵出鸡的蛋就叫鸡蛋,不管它是谁生的。这么说,一定是先有蛋了。最早的蛋里孵出了最早的鸡,而最早的蛋不是鸡生的。

评说:不管如何定义,都不影响生物进化发展的历史事实。至于如何定义,则有待于生物学家的讨论。我们看到,许多著名的悖论的消除有赖于定义的明确。通过分析悖论,人们的概念越来越清楚,对逻辑推理的要求越来越严格。

例4 一条鳄鱼从母亲手中抢走她的孩子。

鳄鱼道:"我会不会吃掉你的孩子? 答对了,我就把孩子不加伤害地还你。答错了,我就吃掉他。"

母亲说:"啊,你会吃掉他。"

鳄鱼道:"我该怎么办? 如果把孩子还你,你就说错了,那我该把他吃掉。如果把孩子吃掉,你就说对了,那我该把他还你。"

评说:把孩子归还或是把孩子吃掉,鳄鱼无论怎么做,都与它的诺言矛盾,这是一个永恒的悖论。

例5 理发师挂出一块告示牌:"所有不自己刮脸的男人都由我给他们刮脸。我也只给这些人刮脸。"问:他该不该给自己刮脸?

评说:如果他给自己刮脸,按照告示牌后半段,他不该给自己刮脸。但是如果他不给自己刮脸,按照告示牌前半段,他又得自己刮脸。理发师左右为难,不知如何是好。这也是一个永恒悖论。

6.算命先生张神算对外说他能预知未来。小王在一张纸上写了一件事,请他猜猜这件事会不会发生。会发生,就请张神算在卡片上写个"是"字,否则写个"否"字。张神算事先写了两张卡片:一个"是"字,一个"否"字。他准备见机行事,偷梁换柱。但小王把纸打开之后,张神算却无所适从了。小王在纸上写的是:"张神算在卡片上写的是'否'字。"如果张神算拿出写"否"的卡片,"这件事"发生了,而张神算没猜对。拿出写"是"的卡片,"这件事"就没发生,又猜错了。

评说:这实际上是古老的说谎者悖论的衍生版,也归属"语义学悖论"。

2.数学悖论

第一次危机

公元前 6 世纪,古希腊数学家认为一切几何量都能用自然数与自然数之比,即有理数来表示。他们认为:整数的和谐与整数比是万物的本质。宇宙的一切都可归于整数比。可毕达哥拉斯的学生希帕索斯却闯了祸,他发现并声称边长为 1 的正方形,其对角线长 $\sqrt{2}$ 竟不能用整数比表示。"某些几何量不能用整数与整数之比表示"是毕达哥拉斯有理数系的悖论。希帕索斯的悖论导致了第一次数学危机。经过这次冲击,数学得到了充实,例如认识到几何量中除了可公度的量以外,还有不可公度的量,即无理数。

图 4-18　希帕索斯

图 4-19　毕达哥拉斯

此外，希腊数学界不得不承认：一、直觉、经验乃至实验都不是绝对可靠的，从此深知推理的可贵。二、几何学能表示像$\sqrt{2}$这种不可公度的量，而算术在此面前却无能为力，因此在对于几何与算术二者的研究上，前者相对加强，而后者则受到了冷落。在此背景下，揭示三段论法的逻辑学经典《工具论》和严谨的几何学教科书《几何原本》便应时而生了，奠定了数学形式逻辑和演绎公理的基础。

第二次危机

在亚历山大帝国时期，人们除了线段长度、直线形面积外，还讨论曲线段长度和曲线形面积，使用的方法是穷举证法和穷竭法。经过中世纪和文艺复兴，到了 16—17 世纪，人们发现有四类问题需要处理：（1）已知距离函数 $s(t)$，求速度；反过来，已知速度函数 $v(t)$，求在某一段时间所经过的距离。（2）求曲线的切线。（3）求函数的极值。（4）求曲线的长度与曲线形的面积。在研究中人们发现问题（1）的前半部分和（2）、（3）实际上使用的是同一种方法，而问题（1）的后半部分和（4）又使用的是另一种方法，从此产生了微积分。但是微积分初级阶段的理论模糊不清，出现了很多"漏洞"，诸如"自然数多还是完全平方数多"这个问题,首先要理解后者是前者的一部分,从公理全体大于部分来说,应该自然数多,但是自然数与完全平方数是一一对应的,有一个自然数便对应一个完全平方数;反之,也如此。因此完全平方数与自然数一样多。诸如此类,17 世纪以来微积分初级阶段所产生的这些"漏洞"引起了某些人的不满。其中的代表人物,如乔治·贝克莱(英国)说:微积分"招摇撞骗,把人们引入歧途"。为数众多的数学家的责难,在数学界就形成了第二次危机。

图 4-20　乔治·贝克莱　　　图 4-21　柯西

经过一番艰苦努力,数学家们给出了极限、连续、导数、微分、积分、级数等微积分基本概念的严格定义,提出了极限的 $\varepsilon\delta$ 描述方法,使极限概念算术化,把无穷小定义为极限是零的变量。到了 19 世纪 70 年代,狄德金(德国)和格奥尔格·康托尔(德国)各自创立了实数理论、集合论、整数极限理论,使微积分具有了更为扎实的、严密的基础,足以解释先前出现的"漏洞"。第二次数学危机在 19 世纪末已平息,法国数学家庞加莱在1900 年巴黎数学家大会上兴高采烈地宣称:"今天,我们可以说,数学分析绝对的严格已经实现。"

第三次危机

狄德金(德国)和康托尔(德国)的实数理论实质上是把实数表示为有理数的某种无穷集合。后者显然可以用自然数表示,因此实数理论可以在自然数理论和无穷集合论的基础上发展起来,只要自然数理论和无穷集合论没有矛盾,那么实数论也就没有矛盾。这就是说,实数论的不矛盾性又归结到自然数论与无穷集合论的不矛盾性。但当人们相信集合论绝不会出现矛盾时,却在20世纪初传出惊人的消息:集合论是有矛盾的!这是罗素在1902年发现的。这是数学(集合论)中的基本原则之一。为避免引起矛盾,就必须修改这条基本原则。但这一改动会严重影响数学的结论。直到今天,到底应该怎样修改最为合适,既不矫揉造作,又最接近于原来的理论,这八九十年来,完善的解决方案也还没确定。集合论悖论的出现及其所引起的数学界的争论,称为数学的第三次危机。

图 4-22　狄德金　　　　图 4-23　康托尔

第一次数学危机诞生了公理几何学和形式逻辑学。第二次数学危机牢固地建立了微积分,传统的形式逻辑也转化为数理逻辑。第三次数学危机是在逻辑与数学中同时发现的,最初引起数理逻辑界的热烈争论,数学界没有介入。50年以后,数学界不甘落后,至今集合论悖论已成为数学与数理逻辑界共同讨论的题材,它的解决必然会给数学与逻辑学带来新的进展。

4.4 归纳与猜想

4.4.1 归纳

归纳是指归拢并使有条理(多用于抽象事物),也指一种推理方法,由一系列具体的事实概括出一般原理。另外,数学中的归纳,是指从许多个别的事物中概括出一般性概念、原则或结论的思维方法;通过对特例的分析来引出普遍结论的一种推理形式。它由推理的前提和结论两部分构成:前提是若干已知的个别事实,是个别或特殊的陈述、判断,结论是从前提中通过推理而获得的猜想,是普遍性的陈述、判断。

归纳可分为完全归纳法和不完全归纳法。完全归纳法是前提包含该类对象的全体,从而对该类对象做出一般性结论的方法。不完全归纳法又称简单枚举归纳法,是通过观察和研究,发现某类事物中固有的某种属性,并且不断重复而没遇到相反的事例,从而判断出所有该类对象都有这一属性的推理方法。数学上的穷举法就是完全归纳法。简单枚举归纳法的结论带有或然性,可能为真,也可能为假。在实践中,人们总是跟一个个具体的事物打交道,首先获得这些个别事物的知识,然后在这些特殊性知识的基础上,概括出同类事物的普遍性知识。比如,人们从宏观世界的万物都可分为若干层次,微观世界的原子可再分为基本粒子以至夸克等等事实,得出"物质是无限可分的"的一般原理。这个认识的过程就包含着归纳推理。

1.完全归纳法

完全归纳法又称"完全归纳推理",是以某类中每一对象(或子类)都具有或不具有某一属性为前提,推出该类对象全部具有或不具有该属性的结论的归纳推理。它的前提是无一遗漏地考察了一类事物的全部对象,断定了该类中每一对象都具有(或不具有)某种属性,结论断定的是整个这类事物具有(或不具有)该属性。也就是说,前提所断定的知识范围和结论所断定的知识范围完全相同。因此,前提与结论之间的联系是必然性的,只要前提真实,形式有效,结论必然真实。完全归纳推理是一种前提蕴涵结论的必然性推理。它有三个要求:(1)前提必须穷尽一类事物的全部对象;(2)前提中的所有判断都是真实的;(3)前提中每一判断的主项与结论的主项之间必须都是种属关系。

举例

(1)太平洋已经被污染;大西洋已经被污染;印度洋已经被污染;北冰洋已经被污染。(太平洋、大西洋、印度洋、北冰洋是地球上的全部大洋。)所以,地球上的所有大洋都已被污染。

(2)张一不是有出息的;张二不是有出息的;张三不是有出息的。(张一、张二、张三是张老汉全部的三个孩子。)所以,张老汉的孩子都不是有出息的。

评说:上述两例都是完全归纳推理。例(1)对地球上的所有大洋逐一进行考察,发现它们都被污染了,由此推出地球上所有大洋都具有"已被污染"这一属性。例(2)对张老汉全部的三个孩子逐一进行考察,发现他们都不是有出息的,由此推出张老汉的孩子都不具有"有出息的"这一属性。

应用:完全归纳推理在日常生活中经常用到。如"某班的五名学生都考上了重点大学""这批电脑全部合格""某中职学校的数学教师全都获得了高级讲师的任职资格"等结论,都是通过完全归纳推理获得的。概括地说,完全归纳法有两个作用:(1)认识作用。虽然完全归纳推理的前提所断定的知识范围和结论所断定的知识范围相同,但它仍然可以提供新知识。这是因为,它的前提是个别性知识的判断,而结论则是一般性知识的判断,也就是说,完全归纳推理能使认识从个别上升到一般。(2)论证作用。由于完全归纳推理是一种前提蕴涵结论的必然性推理,因而人们常常用它来证明论点,反驳谬误。

当然其结论必须在考察一类事物的全部对象后才能做出,因而完全归纳推理的适用范围比较局限。当对某类事物中包含的个体对象的确切数目还不甚明了,或遇到该类事物中包含的个体对象的数目太大,乃至无穷时,人们就无法进行一一考察,要使用完全归纳推理就很不方便或根本不可能;当某类事物中包含的个体对象虽有限,也能考察穷尽,但不宜考察或不必考察,这时就不必使用完全归纳推理了。

2.不完全归纳法

不完全归纳法又称"不完全归纳推理",它是以某类中的部分对象(分子或子类)具有或不具有某一属性为前提,推出该类对象全部具有或不具有该属性的结论的归纳推理。因为它的前提只考察了某类事物中的部分对象具有这种属性,而结论却断定该类事物的全部对象都具有这种属性,其结论所断定的范围显然超出了前提所断定的范围,所以,前提同结论之间的联系是或然的。也就是说,即使前提真实,推理形式正确,其结论也未必一定是真的。

不完全归纳法一般可分为简单枚举法和科学归纳法。

简单枚举法,又称"简单枚举归纳推理",它是这样的一种不完全归纳推理:它根据某类中的部分对象(分子或子类)具有或不具有某一属性,并且未遇反例的前提,推出该类对象全部具有或不具有该属性的结论。其形式为:

S_1 是(或不是)P;

S_2 是(或不是)P;

S_3 是(或不是)P;

…;

S_n 是(或不是)P。

因为 $S_1,S_2,S_3,…,S_n$ 是 S 类的部分对象,枚举中未遇反例,所以所有 S 都是(或不是)P。(这里的 $S_1,S_2,S_3,…,S_n$ 可以表示 S 类的个体对象,也可以表示 S 类的子类)

科学归纳法,又称"科学归纳推理",它是以科学分析为主要依据,由某类中部分对象与其属性之间所具有的因果联系,推出该类的全部对象都具有某种属性的归纳推理。其形式为:

S_1 是 P;

S_2 是 P;

S_3 是 P;

…;

S_n 是 P。

因为 $S_1,S_2,S_3,\cdots,S_n$ 是 S 类的部分对象,它们与 P 之间有因果联系,所以所有 S 都是 P。

评说:不完全归纳法的特点是结论所断定的范围超出了前提所断定的范围,结论的知识往往不只是对前提已有知识的简单推广,而且还揭示出存在于无数现象之间的普遍规律性,给我们提供全新的知识,尤其是科学的普遍原理。人们要认识周围的事物,首先必须对事物进行大量的观察和实验,然后根据观察和实验所确认的一系列个别事实,应用不完全归纳法由个别的知识概括成为一般的知识,从而达到普遍规律性的认识。所以,不完全归纳法在探求新知识的过程中具有极为重要的意义。

应用:不完全归纳法的结论虽然不具有必然性,但在侦查工作中却经常运用。因为不完全归纳推理并不是毫无根据的主观臆断,而是有客观根据的,它是以现场勘查、调查访问时所掌握到的案件材料为依据,根据"一般寓于个别之中的原理"进行推导的,显然其结论具有相当程度的可能性、合理性,这符合侦查假设、推论的性质;而不完全归纳推理的思维进程是从个别到一般,又与侦查人员对案件的认识活动过程(从对个别现象开始,然后逐步上升为一般性的认识)相吻合。这种推理的结论断定的范围超出了前提断定的范围,它能够为人们提供新的知识,扩展人们的认知,具有探索创新的功能;并且这种推理方法简便易行,没有严格的逻辑要求,其推测的机理、方式不受逻辑规则的严格束缚、制约,其灵活性大,颇具创造性,非常适应侦查工作千变万化的要求,因而在侦查工作中经常为人们所运用。

4.4.2 猜想

数学猜想是以一定的数学事实为根据,包含着以数学事实作为基础的可贵的想象成分,是关于数学学术方面的猜想(或猜测、假设等);没有数学事实作根据,随心所欲地胡猜乱想得到的命题不能称之为"数学猜想"。数学猜想通常是应用类比、归纳的方法提出的,或者是在灵感、直觉中闪现出来的。例如,中国数学家和语言学家周海中根据已知的梅森素数及其排列,巧妙地运用联系观察法和不完全归纳法,于 1992 年正式提出了梅森素数分布的猜想(即"周氏猜测")。这些猜想有的被验证为正确的,并成为定理;有的被验证为错误的;还有一些正在验证过程中。

数学猜想由于其自身的特殊性有着如下作用:(1)数学猜想是推动数学理论发展的强大动力。数学猜想是数学发展中最活跃、最主动、最积极的因素之一,是人类理性中最富有创造性的部分。数学猜想能够强烈地吸引数学家全身心投入,积极开展相关研究,从而强力推动数学发展。数学猜想一旦被证实,就将转化为定理,汇入数学理论体系之中,从而丰富数学理论。(2)数学猜想是创造数学思想方法的重要途径。数学发展史表明,数学家在尝试解决数学猜想过程中(无论最终是否解决)创造出大量有效的数学思想方法。这些数学方法已渗透到数学的各个分支并在数学研究中发挥着重要作用。(3)数学猜想是研究科学方法论的丰富源泉。首先,数学猜想作为一种研究模式,其产生与发展的规律是探讨数学科学研究方法的重要基础;其次,数学猜想作为一种研究方法,其本身就是数学方法论的研究

对象,通过研究解决数学猜想中展现出的一些新方法的规律性
而促进数学方法论一般原理的研究;最后,数学猜想作为数学发
展的一种重要形式,又是科学假设在数学中的一种具体体现。
数学猜想的类型、特点、提出方法和解决途径对一般科学方法尤
其是对创造性思维方法的研究具有特殊价值。

三大猜想

纵观当今数学世界,有三个有趣的猜想影响了一代代的数
学家们,这些猜想看似简单,内涵却深邃无比,接下来让我们一
起走进"世界三大数学猜想"。

1. 费马大定理(猜想)

当整数 $n>2$ 时,关于 x,y,z 的不定方程 $x^n+y^n=z^n$ 无正
整数解。

或者是当 $\forall b>2$ 时,$n-1\sum a^n i$ 无正整数解。

费马大定理,本来又称费马最后的定理,由 17 世纪法国数
学家费马提出,而当时人们称之为"定理",并不是真的相信费马
已经证明了它,虽然费马宣称他已找到一个绝妙的证明方法。
德国的佛尔夫斯克宣布,以 10 万马克作为奖金,奖给在他逝世
后 100 年内,第一个证明该定理的人,吸引了不少人尝试并递交
他们的"证明"。在一战之后,马克大幅贬值,该定理的魅力也大
大地下降。

经过 3 个半世纪的努力,这个世纪数论难题才由普林斯顿
大学教授英国数学家安德鲁·怀尔斯(Andrew Wiles)和他的
学生理查·泰勒于 1994 年成功证明。证明利用了很多新的数

学概念和定义,包括代数几何中的椭圆曲线和模形式,以及伽罗华理论和 Hecke 代数等,令人怀疑费马是否真的找到了正确证明。而安德鲁·怀尔斯由于成功证明此定理,获得了 1998 年的菲尔兹奖特别奖以及 2005 年度邵逸夫奖的数学奖。

图 4-24　安德鲁·怀尔斯

起源

1621 年,20 岁的费马在阅读一套公元 3 世纪古希腊著名数学家丢番图的《算术》拉丁文译本时,曾在第 11 卷第 8 命题旁关于不定方程 $x^2 + y^2 = z^2$ 的全部正整数解这一页上写了一段话,概括起来说就是:"形如 $x^n + y^n = z^n$ 的方程,当 $n > 2$ 时不可能有整数解。关于此,我确信已发现了一种美妙的证法,可惜这里空白的地方太小,写不下。"这就是有名的费马大定理,实际上是费马猜想。

图 4-25　费马

由于费马没有写下证明,而他的其他猜想对数学贡献良多,激发了许多数学家对这一猜想的兴趣。数学家们的有关工作丰富了数论的内容,推动了数论的发展。对很多不同的 n,费马定理早被证明了。但谁也没有得到普遍的证明方法,300 多年来,无数学者为了证明这个猜想付出了巨大的精力,但既不能证明又不能否定它。

研究历史

$n=3$　欧拉证明了 $n=3$ 的情形,用的是唯一因子分解定理。

$n=4$　费马自己证明了 $n=4$ 的情形。

$n=5$　1825 年,德国数学家狄利克雷和法国数学家勒让德证明了 $n=5$ 的情形,用的是欧拉所用方法的延伸,但避开了唯一因子分解定理。

$n=7$　1839 年,法国数学家加布里埃尔·拉梅证明了 $n=7$ 的情形,他的证明使用了跟 7 本身结合得很紧密的巧妙工具,只是难以推广到 $n=11$ 的情形;于是,他又在 1847 年提出了"分圆整数法"来证明,但没有成功。

1844 年,德国数学家库默尔提出了"理想数"概念,他证明了对于所有小于 100 的素指数 n,费马大定理成立,此一研究告一阶段。

图 4-26　库默尔

1849 年,库默尔用近世代数的方法,引入自己发现的"理想数"的概念,指出费马问题只可能在 n 等于某些值时,才有可能不正确,所以只需对这些值进行研究,他用一生时间研究这个问题,虽然没有最终解决,但是他提出的一整套的数学理论,推动了数学的发展。

到 20 世纪上半叶,数学家把证明推到奇数 $n = 619$,1976 年,美国数学家证明了 $2 < n < 10000$ 的情形,到了 1978 年,已经证明 $2 < n < 125000$ 的奇数以及它们的倍数时的情形,当 $n > 125000$ 的奇数情形也证明不少,据说,最大的奇素数 n 已接近 41000000 左右。

1922 年,英国数学家莫德尔提出一个著名猜想,人们叫作莫德尔猜想。按其最初形式,这个猜想是说,任一不可约、有理系数的二元多项式,当它的"亏格"大于或等于 2 时,最多只有有限个解。记这个多项式为 $f(x, y)$,猜想便表示:最多存在有限对数偶 $x_i, y_i \in Q$,使得 $f(x_i, y_i) = 0$。

后来,人们把猜想扩充到定义在任意数域上的多项式,并且随着抽象代数几何的出现,又重新用代数曲线来叙述这个猜想了。

数学家对这个猜想给出各种评论,总的看来是消极的。

1979 年,利奔波姆说:"可以有充分理由认为,莫德尔猜想的获证似乎还是遥远的事。"

对于"猜想",1980 年威尔批评说:"数学家常常自言自语道:要是某某东西成立的话,'这就太棒了'。有时不用费多少事就能够证实他的推测,有时则很快否定了它。但是,如果经过一段时间的努力还是不能证实他的预测,那么他就要说到'猜想'

这个词,即便这个东西对他来说毫无重要性可言。绝大多数情形都是没有经过深思熟虑的。"因此,对莫德尔猜想,他指出:我们稍许来看一下"莫德尔猜想"。它所涉及的是一个算术家几乎不会不提出的问题;因而人们得不到对这个问题应该去押对还是押错的任何严肃的启示。

然而,时隔不久,1983年夏天,德国数学家格尔德·法尔廷斯证明了莫德尔猜想,从而翻开了费马大定理研究的新篇章,人们对它有了全新的看法。在法尔廷斯的文章里,还同时解决了另外两个重要猜想,即台特和沙伐尔维奇猜想,它们同莫德尔猜想具有同等重大意义。法尔廷斯获得1986年菲尔兹奖。

图 4-27　格尔德·法尔廷斯

完成证明

1995年,英国数学家安德鲁·怀尔斯和泰勒在一特例范围内证明了谷山-志村猜想,Frey的椭圆曲线刚好在这一特例范围内,从而证明了费马大定理。

怀尔斯证明费马大定理的过程亦极具戏剧性。他用了七年时间,在不为人知的情况下,得出了证明的大部分;然后于1993年6月在剑桥大学的一个讨论班上宣布了他的证明,瞬即成为世界头条。不过在审批证明的过程中,专家发现了一个缺陷。怀尔斯和泰勒用了近一年时间改进了它,在1994年9月以一个之前怀尔斯抛弃过的方法得到成功,这部分的证明与岩泽理论有关。他们的证明刊登在1995年的《数学年刊》上。

2.四色定理

四色问题又称四色猜想、四色定理,是世界近代三大数学难题之一。地图四色定理(Four color theorem)最先是由一位叫古德里的英国大学生提出来的。

四色问题的内容是"任何一张地图只用四种颜色就能使具有共同边界的国家着上不同的颜色"。也就是说在不引起混淆的情况下一张地图只需四种颜色来标记就行。

用数学语言表示即"将平面任意地细分为不相重叠的区域,每一个区域总可以用1234这四个数字之一来标记而不会使相邻的两个区域得到相同的数字"。这里所指的相邻区域是指有一整段边界是公共的。如果两个区域只相遇于一点或有限多点就不叫相邻的。因为用相同的颜色给它们着色不会引起混淆。

图 4-28　四色定理

起源

1852年,毕业于伦敦大学的格斯里来到一家科研单位搞地图着色工作时,发现每幅地图都可以只用四种颜色着色。这个现象能不能从数学上加以严格证明呢？他和他正在读大学的弟弟决心试一试，但是稿纸堆了一大沓，研究工作却没有任何进展。

1852年10月23日，他的弟弟就这个问题的证明请教了他的老师——著名数学家德·摩尔根，摩尔根也没能找到解决这个问题的途径，于是写信向自己的好友、著名数学家哈密顿爵士请教，但直到1865年哈密顿逝世为止，问题也没有能够解决。

1872年，英国当时最著名的数学家凯利正式向伦敦数学学会提出了这个问题，于是四色猜想成了世界数学界关注的问题，世界上许多一流的数学家都纷纷参加了四色猜想的大会战。

图4-29 四色地图

从此，这个问题在数学家中间传来传去，当时，三等分角和化圆为方问题已在社会上"臭名昭著"，而"四色瘟疫"又悄悄地传播开来了。

研究历史

1878—1880年，著名的律师兼数学家肯普和泰勒两人分别提交了证明四色猜想的论文，宣布证明了四色定理。

图 4-30　凯利

大家都认为四色猜想从此解决了,其实肯普并没有证明四色问题。11 年后,即 1890 年,在牛津大学就读的年仅 29 岁的赫伍德以自己的精确计算指出了肯普在证明上的漏洞。他指出肯普说没有极小五色地图能有一国具有五个邻国的理由有破绽。不久泰勒的证明也被人们否定了。人们发现他们实际上证明了一个较弱的命题——五色定理。就是说对地图着色,用五种颜色就够了。

不过,让数学家感到欣慰的是,赫伍德没有彻底否定肯普论文的价值,运用肯普发明的方法,赫伍德证明了较弱的五色定理。这等于打了肯普一记闷棍,又将其表扬一番,总的来说是贬大于褒。真不知可怜的肯普律师是什么心情。追根究底是数学家的本性。一方面,五种颜色已足够,另一方面,确实有例子表明三种颜色不够。那么四种颜色到底够不够呢?这就像一个淘金者,明明知道某处有许多金矿,结果却只挖出一块银子,你说他愿意就这样回去吗?

肯普是用归谬法来证明的,大意是如果有一张正规的五色地图,就会存在一张国数最少的“极小正规五色地图”,如果极小正规五色地图中有一个国家的邻国数少于六个,就会存在一张国数较少的正规地图仍为五色的,这样一来就不会有极小五色地图的国数,也就不存在正规五色地图了。这样肯普就认为他已经证明了"四色问题",但是后来人们发现他错了。

不过肯普的证明阐明了两个重要的概念,为以后问题的解决提供了途径。第一个概念是"构形"。他证明了在每一张正规地图中至少有一国具有两个、三个、四个或五个邻国,不存在每个国家都有六个或更多个邻国的正规地图,也就是说,由两个、三个、四个或五个邻国组成的一组"构形"是不可避免的,每张地图至少含有这四种构形中的一个。

肯普提出的另一个概念是"可约"性。"可约"这个词来自肯普。他证明了只要五色地图中有一国具有四个邻国,就会有国数减少的五色地图。自从引入"构形""可约"概念后,逐步发展了检查构形以决定是否可约的一些标准方法,能够寻求可约构形的不可避免组,是证明"四色问题"的重要依据。但要证明大的构形可约,需要检查大量的细节,这是相当复杂的。

人们发现四色问题出人意料地异常困难,曾经有许多人发表四色问题的证明或反例,但都被证实是错误的。后来,越来越多的数学家虽然对此绞尽脑汁,但都一无所获。于是,人们开始认识到,这个貌似容易的题目,其实是一个可与费马猜想相媲美的难题。进入 20 世纪以来,科学家们对四色猜想的证明基本上是按照肯普的想法在进行。

1913 年,美国著名数学家、哈佛大学的伯克霍夫利用肯普的想法,结合自己新的设想,证明了某些大的构形可约。后来美国数学家富兰克林于 1939 年证明了 22 国以下的地图都可以用四色着色。1950 年,温恩从 22 国推进到 35 国。1960 年,有人又证明了 39 国以下的地图可以只用 4 种颜色着色;随后又推进到了 50 国。但是这种推进仍然十分缓慢。

完成证明

高速数字计算机的发明,促使更多数学家投入对"四色问题"的研究。1976 年 6 月,两位数学家在美国伊利诺伊大学的两台不同的电子计算机上,用了 1200 个小时,做了 100 亿个判断,结果没有一张地图是需要五色的,最终证明了四色定理,轰动了世界。

这是 100 多年来吸引许多数学家与数学爱好者的大事,当两位数学家将他们的研究成果发表的时候,当地的邮局在当天发出的所有邮件上都加盖了"四色足够"的特制邮戳,以庆祝这一难题获得解决。

但证明并未止步,计算机证明无法给出令人信服的思考过程。

问题影响

1 个多世纪以来,数学家们为证明这条定理绞尽脑汁,所引进的概念与方法刺激了拓扑学与图论的生长、发展。在"四色问题"的研究过程中,不少新的数学理论随之产生,也发展了很多数学计算技巧。如将地图的着色问题化为图论问题,丰富了图论的内容。不仅如此,"四色问题"在有效地设计航空班机日程表、设计计算机的编码程序上都起到了推动作用。

3.哥德巴赫猜想

历史上和素数有关的数学猜想中,最著名的当然就是"哥德巴赫猜想"了。

起源

1742 年 6 月 7 日,德国数学家哥德巴赫在写给著名数学家欧拉的一封信中,提出了一个大胆的猜想:任何大于等于 9 的奇数,都可以是三个奇素数之和。

同年,6 月 30 日,欧拉在回信中提出了另一个版本的哥德巴赫猜想:

图 4-31　哥德巴赫

任何大于等于 6 的偶数,都可以是两个奇素数之和。

这就是数学史上著名的"哥德巴赫猜想"。显然,前者是后者的推论。因此,只需证明后者就能证明前者。所以称前者为弱哥德巴赫猜想(已被证明),后者为强哥德巴赫猜想。由于 1 已经不归为素数,所以这两个猜想分别变为任何大于等于 9 的奇数,都可以写成三个奇素数之和的形式;任何大于等于 6 的偶数,都可以写成两个奇素数之和的形式。

欧拉在给哥德巴赫的回信中,明确表示他深信这两个猜想都是正确的定理,但是欧拉当时还无法给出证明。由于欧拉是当时欧洲最伟大的数学家,他对哥德巴赫猜想的信心,影响到了整个欧洲乃至世界数学界。从那以后,许多数学家都跃跃欲试,甚至一生都致力于证明哥德巴赫猜想。可是直到 19 世纪末,哥德巴赫猜想的证明也没有任何进展。证明哥德巴赫猜想的难度,远远超出了人们的想象。有的数学家把哥德巴赫猜想比喻为"数学王冠上的明珠"。

图 4-32　欧拉

研究历史

我们从 $6=3+3, 8=3+5, 10=5+5, \cdots, 100=3+97=11+89=17+83, \cdots$ 这些具体的例子中,可以看出哥德巴赫猜想都是成立的。有人甚至逐一验证了 3300 万以内的所有偶数,竟然没有一个不符合哥德巴赫猜想的。20 世纪,随着计算机技术的发展,数学家们发现哥德巴赫猜想对于更大的数依然成立。可是自然数是无限的,谁知道会不会在某一个足够大的偶数上,突然出现哥德巴赫猜想的反例呢? 于是人们逐步改变了探究问题的方式。

1900 年,20 世纪最伟大的数学家,德国人戴维·希尔伯特,在国际数学会议上把"哥德巴赫猜想"列为 23 个数学难题之一。此后,20 世纪的数学家们在世界范围内"联手"进攻"哥德巴赫猜想"堡垒,终于取得了辉煌的成果。

20 世纪的数学家们研究哥德巴赫猜想所采用的主要方法,是筛法、圆法、密率法和三角和法等高深的数学方法。解决这个猜想的思路，就像"缩小包围圈"一样，逐步逼近最后的结果。

1920 年，挪威数学家布朗证明了定理"9＋9"，由此划定了进攻"哥德巴赫猜想"的"大包围圈"。这个"9＋9"是怎么回事呢？所谓"9＋9"，翻译成数学语言就是："任何一个足够大的偶数，都可以表示成其他两个数之和，而这两个数中的每个数，都是 9 个奇素数之积。"从这个"9＋9"开始，全世界的数学家集中力量"缩小包围圈"，当然最后的目标就是"1＋1"了。

1924 年，德国数学家雷德马赫证明了定理"7＋7"。

很快，"6＋6""5＋5""4＋4"和"3＋3"逐一被攻陷。

1957 年，中国数学家王元证明了"2＋3"。

1962 年，中国数学家潘承洞证明了"1＋5"，同年又和王元合作证明了"1＋4"。

1965 年，苏联数学家证明了"1＋3"。

1966 年，中国著名数学家陈景润攻克了"1＋2"，也就是："任何一个足够大的偶数，都可以表示成两个数之和，而这两个数中的一个就是奇素数，另一个则是两个奇素数的积。"这个定理被世界数学界称为"陈氏定理"。

图 4-33　王元

图 4-34　陈景润

由于陈景润的贡献，人类距离哥德巴赫猜想的最后结果"1＋1"仅有一步之遥了。但为了实现这最后的一步，也许还要历经一个漫长的探索过程。有许多数学家认为，要想证明"1＋1"，必须创造新的数学方法，以往的路很可能都是走不通的。

4.5　直觉与顿悟

4.5.1　直觉

直觉是指不以人类意志控制的特殊思维方式，它是基于人类的职业、阅历、知识和本能存在的一种思维形式。直觉是意识的本能反应，不是思考的结果，是意识的源反应，比以语言要素通过逻辑关系构建的反应系统要更加高效、更具准确性。只是能引起意识源反应的机会通常不多。也许人类在语言意识未建立前，依靠的就是这种意识的本能反应——直觉。人类语言意识建立后，这种本能就逐渐退化了。蜜蜂能以最节省的方式精准地建造坚固的六边形巢穴，一定不是物理计算的结果。

直觉思维

直觉思维根据直觉的内涵具有以下六个方面的特征：(1)直接性，即主体不通过一步步的分析过程而直接获得对事物的整体认识，这是直觉思维最基本和最显著的特征；(2)迅捷性，指思维的结果产生得很迅速，这种快速性导致思维者对所进行的过程无法做出逻辑的解释;(3)跳跃性,在认知过程中,分析思维是以常规的方式按步骤展现的,而直觉思维一旦出现,便摆脱了原先常规的束缚,从而产生认知过程的急速飞跃和渐进性的中断;(4)个体性,它与思维者的知识经验和思维品质相联系,表现出直觉的个体特征;(5)坚信感,主体以直觉方式得出结论时,理智清楚,意识明确,这使直觉有别于冲动性行为,主体对直觉结果的正确性或真理性具有本能的信念(但这并不意味着没有进一步分析加工和实验验证的必要性);(6)或然性,非逻辑思维是非必然的,有可能正确,也可能错误,表现出直觉思维的局限性。

直觉思维与分析思维相比虽然有着明显的区别和不同,但二者的发生和形成并不矛盾。在一定程度上,直觉思维就是分析思维的凝结或简缩,从表面上看,直觉思维过程中没有思维的"间接性",但实际上,直觉思维正体现着由于"概括化""简缩化""语言化"或"内化"的作用,高度集中地"同化"或"知识迁移"的结果。

另外还需说明的是,在心理学上分析思维即指逻辑思维,因而直觉思维与分析思维相对,也就是与逻辑思维相对。实际上,形象思维也有常规性和直接性之分。当我们在进行人物、情节等描写的时候,思维就是有步骤地进行形象的分析和综合的过程,它是属于常规性的;而当我们在审美观察中捕捉形象时,往往又是直接性的。所以,我们这里所说的分析思维是指常规性的体现着一定的步骤或程序的思维,它可以是抽象思维,也可以是形象思维。而直觉思维的对象或结果可以是抽象的,也可以是形象的。具有直接性质的形象思维,钱学森又将其称为"直感思维",它是形象思维的一部分。

4.5.2 顿悟

顿悟,是指顿然领悟。从理论层面来解释,主要指的是人会在某一个时间突然察觉到一些问题的解决方式。但是,寻找答案的过程是持续的,需要人经常进行思考和分析,通过人重新组织或者重新建构相关事物来达到最终一刻的顿悟之感。格式塔派心理学家指出人类解决问题的过程就是顿悟。当人们对问题百思不得其解,突然看出问题情境中的各种关系并产生了顿悟和理解。有如"踏破铁鞋无觅处,得来全不费功夫"。其特点是突发性、独特性、不稳定性、情绪性。

顿悟学习

顿悟学习是动物利用已有经验解决当前问题的能力,包括了解问题、思考问题和解决问题。最简单的顿悟学习是绕路问题,即在动物和食物之间设一道屏障,动物只有先远离食物绕过屏障后才能接近食物。章鱼不能解决这个问题,鱼类和鸟类经过多次尝试才能获得成功,哺乳动物(如松鼠、大鼠和浣熊等)能很快学会解决这个问题。黑猩猩是除人类以外顿悟学习能力最强的动物,关于黑猩猩顿悟学习能力的研究最早是在20世纪20年代由德国心理学家沃尔夫冈・苛勒(Wolfgang Köhler,1887—1967)完成的。在后来越来越复杂的实验中进一步证实了黑猩猩有着极强的顿悟学习能力,甚至在解决某些难题方面,已与人的能力相接近。

在格式塔派心理学家苛勒的实验中,著名的有"接竹竿实验"。在接竹竿实验中，苛勒将黑猩猩关在一个笼子里面，笼子里有两根能够接起来的竹竿，在笼子外面放有香蕉。黑猩猩要想得到香蕉，就必须把这两根竹竿接起来。黑猩猩被关在笼子里面之后，它先用手去够香蕉，用一根竹竿够香蕉，经过这样的尝试之后，黑猩猩不能得到香蕉，这时黑猩猩就会停下来，看看外面的香蕉（目标物），把两根竹竿在手里摆弄，偶然地使两根竹竿接了起来，它很快就会用接起来的竹竿去得到食物。黑猩猩很高兴自己的"发明"，不断重复着这一获得香蕉的方式。苛勒发现，黑猩猩并不是像小猫那样通过盲目尝试错误的方式逐渐学会如何拿到香蕉的。相反，黑猩猩蹲在地上，似乎在思考问题。然后，它会突然将两根短竹棒拼接成一根长竹棒，成功地够到了笼外的香蕉。苛勒认为，这是黑猩猩突然理解了笼、两根短竹棒、笼外香蕉等事物的相互关系之后的行为。

图 4-35　苛勒

苛勒认为，学习是一个顿悟的过程，而不是尝试错误式的。顿悟往往跟随在一个阶段的尝试与错误之后发生，但这种行为不像桑代克所描述的那样，而更接近于一种"行为假设"的程序，动物在试验了这些假设以后,便会抛弃它们,它往往是顿悟的前奏。所谓顿悟就是动物突然觉察到问题解决的办法,是动物领会到自己的动作为什么和怎样进行,领会到自己的动作和情景、特别是和目的物之间的关系。动物只有在清楚地认识到整个问题情境中各种成分之间的关系时,顿悟才可能发生。

顿悟的过程也是一个知觉的重新组织过程,从模糊的、无组织状态到有意义、有结构、有组织的状态,这就是知觉的重组,也是顿悟产生的基础。

动物的行为在停顿以前,往往是尝试错误式的,在停顿之后,其行为往往是有序的,动物就可能找到解决问题的新的、更好的方法,就可能使问题得到解决。

数学悟性

培养学生严谨的逻辑思维能力无疑是数学教育的"重头戏",但我们绝对不能因此而忽视"非逻辑"的直觉思维能力的培养。著名特级教师黄安成先生将此种思维统称为"数学悟性",并指出其主要特征:"所谓数学悟性,就是指对数学对象及解决问题时的'直观领悟、合情推理、类比联想、灵感顿悟'。"

1. 直观领悟

数学主题通常都是由逻辑推理得到的,彰显的是数学理性精神的光辉,理论上的严谨通达才能使人身心和谐顺畅,且记忆牢固。但我们也发现,也有一些数学主题的获得依靠的是直观领悟,而不是严谨的逻辑推理。正如

图4-36 克莱因

德国数学家克莱因所说："一个数学主题，只有达到直观上的显然才能说理解到家了。"这种理念在数学新课程、新教材中已得到充分的体现。

2.合情推理

合情推理与直观领悟有一定的内在联系，但也有自身的特征，那就是虽具有一定的推理成分，但却没有完整的逻辑推理链条，而具有简约、跳跃、猜测等特点。如前所述，在建构知识和技能的过程中需要合情推理，在解答填空、选择题中更需要合情推理。对于解答题，虽然最后的表述需要的是一丝不苟、滴水不漏的推理过程，但在形成思路、确定目标的探索、尝试、构思、检索、猜想、突破、检验、辨误等过程中却离不开合情推理。英国哲学家、数学家休厄尔说："若无大胆放肆的猜测，一般是作不出知识的进展的。"将合情推理提升到"大胆放肆"的层面，可见合情推理的作用不可低估。

3.类比联想

从表面上看来，甲乙两种事物似乎没有什么内在联系，但由甲事物的结构、形态或特征能联想到乙事物。基于此，将解决与

图 4-37　波利亚

甲事物有关问题的技能、技巧迁移到与乙事物有关的问题中来，就叫作类比联想，属于"非逻辑思维"范畴的一种直觉思维。

4.灵感顿悟

一位哲人曾说过："创造是思维的'短路'，通常是'不大讲道理'的，若过

分推崇逻辑推理,则很难做出创造。"这与上面休厄尔的名言有着异曲同工之妙。美籍匈牙利著名数学家、教育家乔治·波利亚(George Polya,1887—1985)也说:"无论如何,你应该感谢所有的新念头,哪怕是模糊的念头,甚至是感谢那些把你引入歧途的念头。因为错误的念头往往是正确的先驱,导致有价值的新发现。"

5. 奇妙的数学天地

数学就在我们身边,若你愿意做一个勤劳的赶海人,漫步沙滩时就会发现,周边有许许多多美丽的贝壳等着你去挖掘,让我们一起走进奇妙的数学天地吧!

5.1　原来如此

我们的脑海里有很多很多与数学相关的规则或约定,你知道它们的存在,也会运用,但若是让你说说其存在的合理性,却很可能说不清。这里将介绍一些数学中人人都熟悉的规则或约定,让我们知其然,也知其所以然。

5.1.1　0 不能做除数

我们知道,一个数能除以任何数,但 0 除外。"除以 0"不被允许的;若是你在计算器中输入除以 0,也会显示错误消息。为什么不能除以 0 呢?

不是我们不能定义除以 0。例如,我们可以坚持说,任何数除以 0 都等于 1。我们无法做出这样的定义,同时仍然让所有运算法则正常。如果采用这种显然很愚蠢的定义,由 $1÷0=1$ 可推断出 $1=1×0=0$。

在考虑除以 0 之前,我们必须对希望除法遵循的法则达成一致意见。在学习除法时一般都会这样介绍,除法是一种与乘法相逆的运算。8 除以 4 等于几? 得到的值就是乘以 4 得 8 的数,也就是 2。因此下面两个等式在逻辑上是等价的:$8÷4=2$ 和 $8=4×2$,2 是这里唯一有效的数,因此 $8÷4$ 是无歧义的。

遗憾的是,当我们尝试定义除以 0 时,这种方法遇到了很大的问题。8 除以 0 得几? 它是乘以 0 得 8 的数,即这个数乘以 0 得 8,但是任何数乘以 0 都得 0,无法得到 8。因此 $8÷0$ 不成立。任何除以 0 的数都是如此,也许除了 0 本身。那么 $0÷0$ 等于几呢?

通常,一个数除以它本身,得到的值为 1。因此我们可以定义 $0÷0=1$,而 $0=1×0$,与乘法的关系不冲突。然而,数学家坚持认为 $0÷0$ 没有意义。他们担心的是如果采用另一种算法规则,假设 $0÷0=1$,那么 $2=2×1=2×(0÷0)=(2×0)÷0=0÷0=1$,这显然是不成立的。

有一种这样的说法:任何数乘以 0 都等于 0,因此我们推断出 $0÷0$ 可以是任何数。如果这种算法成立,而且除法是乘法的逆运算,那么 $0÷0$ 可以是任何数值。它不是唯一的,所以最好避免这情况。

也有另一种说法:如果除以 0,难道不是得到无穷大吗? 是的,有时数学家使用这种约定。但是当他们这么做时,必须相当小心地检查他们的逻辑,因为"无穷大"是不可捉摸的概念。它的意思取决于上下文,特别要注意的是,你无法假设它能像普通数一样运算。就算让 $0÷0$ 等于无穷大有意义,这个问题仍然令人头疼不已。

5.1.2 四则运算规定

在混合运算中,运算法则规定按"先乘除后加减"的顺序。要想先加减的话还得加上括号。你想过没有,我们可是先学加减后学乘除的,为什么反而是先乘除后加减呢?

在加减混合计算中,如要求 $3+9-4$ 的值,我们都知道从左往右运算便可。那对于"乘加"混合运算,如 $4×3+2$ 和 $2+4×3$,它们的值分别是多少?对于第一个式子的值是 14 基本没有任何疑问,而第二个式子有人会得出是 14 也可能有人会得出 18?这是为什么?很显然这是运算顺序的不同造成的。对于混合运算的顺序是如何确定的?

让我们从日常实例中寻找线索吧!操场上有 2 位学生在打乒乓球,4 位学生在打羽毛球,4 位学生在打篮球,4 位学生在跳绳,问操场上一共有多少位学生在运动?

我们可以列出这样的式子:$2+4+4+4$。根据乘法的本质是求几个相同加数的和的简便运算,可以用乘法来优化算式中的连加得到 $2+4×3$,从中我们可以感知乘法的快捷。既然乘法是加法的简便计算,那么几个相同加数的和写成乘法先进行计算,然后再和不同的加数相加,这样计算显得更加快捷和方便,即现实的需要才让人们规定要先算乘法后算加法,也就是

"先乘后加"规则的由来,同样也适用于"乘减、除加、除减及加减乘除"等混合运算。

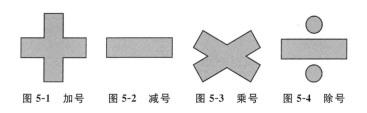

图 5-1 加号　　图 5-2 减号　　图 5-3 乘号　　图 5-4 除号

回到我们熟悉的四则运算规定,一级运算和二级运算同时有,先算二级运算。

一级运算:在初等代数中,指加法和减法的运算,一级运算是数学中最基本的运算,也是最低级的运算。因为是先计算出其他运算的结果后,最后计算加法和减法。从左计算到右。

二级运算:在同一个式子中时,先进行乘除运算,再进行加减运算。运算的优先级比一级运算高一级。

当然,在一个算式里,有第二级运算也有第三级运算的时候,应该先算第三级运算,后算第二级运算。总之,运算顺序是由于法则本身及法则之间的关系而规定的,正因为由第一级运算发展到第二级运算,由第二级运算发展到第三级运算,所以运算顺序规定为:先三级,再二级,后一级。

5.1.3　负负得正

当你刚接触负数时,你的老师肯定告诉你两个负数相乘得到一个正数,即"负负得正",比如,$(-3)\times(-5)=+15$。这规则挺令人费解的,但你可能没有深究过其缘由。

第一个论据是:从算法的常规惯例出发,我们可以自由地将 $(-3) \times (-5)$ 定义为等于任何值。如果我们愿意,可以将它定义为等于 -100 或 300。因此主要问题不在于真正的值是什么,而在于合理的值是什么。几个不同流派的人都一致得出同一个结果,即 $(-3) \times (-5) = +15$。这里"$+$"是为了强调是"正"。

但为什么这是合理的值呢? 如果将负数解释为债务。小明的银行账户里有 -5 元,则表示小明欠银行 5 元。假设将小明的债务乘以 3(正数),那么会变成负债 15 元。因此,坚持 $(+3) \times (-5) = -15$ 是有意义的,相信你也能接受这一结果。然而 $(-3) \times (-5)$ 应该等于多少呢? 如果银行注销小明三个 5 元的债务,那小明就多出了 15 元,小明的账户会发生变化? 恰好相当于小明存了 $+15$ 元。因此用银行业术语来说,我们希望 $(-3) \times (-5) = +15$。

第二个论据是:我们不能让 $(+3) \times (-5)$ 和 $(-3) \times (-5)$ 都等于 $+15$。如果是这样,那么 $(+3) \times (-5) = (-3) \times (-5)$ 约去 -5 就得到 $+3 = -3$,这显然不成立。

第三个论据是:首先第二个表达式中有一个未阐明的假定,即常规算法规则对于负数仍然有效。然后指出,就算为了数学的优雅性,这也是合理的。如果我们要求常规规则有效,那么,$(+3) \times (-5) + (-3) \times (-5) = (3-3) \times (-5) = 0 \times (-5) = 0$。因此,$-15 + (-3) \times (-5) = 0$。在等式两边分别加上 15,得到 $(-3) \times (-5) = +15$。

事实上,类似的论据也能得出 $(+3) \times (-5) = -15$。

总而言之,数学的优雅性使我们规定"负负得正"。在一些应用中,比如金融学中,这种选择在直觉上与现实相符。因此,只要保持算法简单,最终就会提炼出关于现实世界各重要方面的核心模型。也可以不这么定义,但那样会导致算法变复杂,降低了实用性。人们对于负负得正基本上没有异议。即便如此,"负负得正"仍然是有意识的人类约定,而不是自然界不可避免的事实。

5.1.4 −1 的平方根

我们知道一个数的平方根是指平方等于这个数的数。例如9 的平方根有两个,分别是−3 和＋3,因为负负得正,正正也得正,无论正负,任何数的平方总是正数。常规的认知里负数似乎没有平方根,如−1。然而数学家、物理学家和其他在任一科学分支工作的人发现为−1 提供平方根是有用的。但它又不是常规意义上的数,为此科学家们提出了一个新符号,数学家用 i 表示,其他领域也有用 j 表示的。

负数的平方根问题最早出现在 1450 年左右。这在当时绝对是一个巨大的难题,因为一直以来,人们把数字看作现实中的某个事物。就像负数的出现引起了轩然大波,但是当人们意识到它们的重要性后,很快就习惯了。i 的出现同样如此,只不过人们接受它所花的时间要长得多。

如何用几何形式可视化 i 是个大问题。大家都习惯于用直线标记数的方式,就像一把无限长的直尺,正数在右边,负数在左边,分数和小数在两个整数之间。

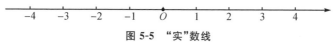

图 5-5 "实"数线

类似这样的数统称为实数,因为它们直接对应于生活中的数量。如 3 元钱,欠债 5 万,等等。问题是在数轴上很难表示出新数"i"。这时,数学家们又想到并不一定要在实数直线上表示它。事实上作为一种新数"i",它不能存在实数直线上。从而有了一条与实数直线相垂直的"虚"数直线,"i"就在这条"虚"数直线上。如果将一个实数后加一个"i",就是"虚"数,那么这些个"虚"数就在"虚"数直线上。

$$-4i \quad -3i \quad -2i \quad -1i \quad O \quad 1i \quad 2i \quad 3i \quad 4i$$

图 5-6 "虚"数线

而我们现在接触到的复数就是实数加虚数。这种新型的数将我们熟悉的实数线扩展到了更大的空间——数平面。复数不用于日常生活,而是用于电力工程和航空设计等技术领域中。

5.1.5 $-(-a)$ 的值

有了负数之后,我们也有了 $-(-a)=a$,这是为什么呢?若是把 a 看成小明手中的一笔钱,$-a$ 就是小明的一笔债务,而 $-(-a)$ 就是还清了这笔债务。这看似有道理,但是不够严谨,所有的运算法则都应当从定义和最基本的运算法则推出来。

推导一:

因为 $-a$ 是 a 的相反数。即 $-a+a=0$,也就是 $-a$ 是方程 $x+a=0$ 的根。

同样 $-(-a)$ 是方程 $x+(-a)=0$ 的根。

因此 $(-a)+a=0=-(-a)+(-a)$。

即 $a=-(-a)$。

推导二：

$$-(-a)=-(-a)+0$$
$$=-(-a)+[(-a)+a]$$
$$=[-(-a)+(-a)]+a$$
$$=0+a$$
$$=a。$$

5.1.6　无穷大符号

"∞"是数学中的一个重要符号,最先出现在 1656 年英国数学家沃利斯的《无穷的算术》中,从形状来看,无穷大符号像一条莫比乌斯带,也像阿拉伯数字"8"倒过来写。那"∞"这个符号是怎么来的呢? 又有啥意义?

无穷大符号的来历和人类对"数"的认识有关。从古到今,人们对数的认识是不断加深的。对早期的人类而言,计数是一件非常难的事情,很多部落都只知道数字 1,2,3,大于 3 就被认为"很多"。随着人类的进步,人们对数的认识越来越深入。比如,考古学家们从殷墟出土的甲骨上那些古老的象形文字中分辨出了 13 个数字:从一到十及百、千、万。这说明,商代时的古人就已经知道万以上的数字了。

那么,更大的数字是多少呢? 古人经过不断思索,展开了各种联想,干脆就用"不可计数"等词语来形容这些很大的数字了。到公元前 3 世纪,古希腊数学家阿基米德(前 287—前 212)不甘心用这样模糊的形容词来表示这些大数字,于是提出了"计沙法"。他量了一堆沙,认为无论沙粒有多少,都是"可数的"。他又大胆提出,如果把整个宇宙全部用沙粒填满,也能算出沙粒的总数!

他的方法是把单位"万"作为第一级数,"万万"为第二级数,"亿亿"为第三级数,如此重复。他假设的宇宙的直径为 1.85 亿千米,这样算来,沙粒总数应当是第八级中的一个数,即 10^{67}。这个数有多大,对当时的人们来说是无法想象的。在后续的探索中,人们不由得想到,数有穷尽吗?

当然,数是没有穷尽的,任何一个数,总可以加上 1。那么,如何给这个无穷大的数字下定义,就成了一个很重要的问题。于是,无穷大符号"∞"就顺势而出,数学家对无穷大的研究也进入了新时代。

最早在完全科学的意义上开始研究无穷大的概念的是 19 世纪晚期德国伟大的数学家康托尔。在现代,无穷大"∞"这个数学符号又被人们赋予了数学之外的意义,如表示"永恒的爱",西方文化中的"衔尾蛇",等等。

图 5-7　永恒的爱　　　　　图 5-8　衔尾蛇

5.1.7　实数比有理数多

自然数和完全平方数一样多,有理数也和自然数一样多。是不是所有的无穷集都一样多呢? 并非如此。实数就比自然数多,因而它也比有理数多。

要证明实数比自然数多并不难。我们可以用反证法。

假设实数和自然数一样多,把所有实数排成了一队,a_1,a_2,a_3,$\cdots$,a_n,$\cdots$,我们马上就能推出矛盾。因为每个实数都可以写成一个整数加上一个无穷小数:$a_1 = N_1 \cdot x_1^1 x_1^2 x_1^3 \cdots$,$a_2 = N_2 \cdot x_2^1 x_2^2 x_2^3 \cdots$,$a_3 = N_3 \cdot x_3^1 x_3^2 x_3^3 \cdots$。现在我们构造一个实数 $A = 0 \cdot y_1 y_2 y_3 \cdots$,使得 y_1 和 x_1^1 不同,y_2 和 x_2^2 不同,$\cdots$,y_k 和 x_k^k 不同。比如说:当 $x_k^k = 9$ 时,令 $y_k = 8$,当 $x_k^k < 9$,让 $y_k = x_k^k + 1$。现在问,A 是队伍中的第几个?因为假定所有的实数都排成了队,A 应当是 a_1,a_2,$a_3 \cdots$ 中的一员。比如说 A 就是 a_{100},则 A 的小数点后第 100 位 y_{100} 应当和 a_{100} 小数点后第 100 位 x_{100}^{100} 一样。但按 A 的构造法,y_{100} 和 x_{100}^{100} 一定不同,这就推出了矛盾。这个矛盾表明,实数不能排成一行!

既然实数比自然数多,那么无理数一定比有理数多。这是因为,如果无理数和有理数一样多,有理数和自然数一样多,全部的实数和整数就一样多了。

5.2 奇思妙想

在生活中有许许多多的问题,应用数学的思维去解决时,往往会给人一种豁然开朗甚至不可思议的感觉,正是人们的这些奇思妙想赋予了数学无限的魅力,展现了数学璀璨的光芒……

5.2.1 巧分财产

有一位王地主,临终前立下遗嘱:"22 头黄牛留给 3 个儿子,老大得 $\frac{1}{2}$,老二得 $\frac{1}{4}$,老三得 $\frac{1}{6}$。"

三兄弟百思不得其解,只好向附近有名的智者数先生请教。数先生听完后,把自家的两头黄牛牵来,与王地主家的黄牛放在一起,凑成了 24 头。这样一来,老大分得 12 头,老二分得 6 头,老三分得 4 头,三个儿子正好把王地主的 22 头黄牛分完,数先生的两头黄牛仍旧被牵回了家。

有一位张员外,想把 13 颗夜明珠留给 3 个女儿:大女儿得 $\frac{1}{2}$,二女儿得 $\frac{1}{3}$,三女儿得 $\frac{1}{4}$。由于夜明珠无法切割,张员外只好向数先生请教。数先生听完,从 13 颗夜明珠中拿掉 1 颗,然后按要求分,这样大女儿分得 6 颗,二女儿分得 4 颗,三女儿应该分得 3 颗,可桌上只剩 2 颗了。这时数先生又把最初拿出来的夜明珠放回去,这样三女儿分得 3 颗,皆大欢喜。

为什么同是分家产,数先生在分的时候用了不同的方法?我们可以看到,关键在于王地主的分配比" $\frac{1}{2}+\frac{1}{4}+\frac{1}{6}=\frac{11}{12}<1$"和张员外的分配比" $\frac{1}{2}+\frac{1}{3}+\frac{1}{4}=\frac{13}{12}>1$",它们都是以 12 作为中间数,一个稍大一些,一个稍小一些,但都不是 1。

故事中的黄牛和夜明珠都是不可切割的,若换成可以切割的物件,就不需要这样分了。如将 22 头黄牛换成 22 亩良田,这

时老大可以分得 $22\times\frac{1}{2}=11$（亩），老二可以分得 $22\times\frac{1}{4}=5.5$（亩），老三可以分得 $22\times\frac{1}{6}\approx3.7$（亩）。当然，这样分，这 22 亩良田没有分完，还剩余 $\frac{11}{6}$ 亩。

若再按这个比例分，老大可得 $\frac{11}{6}\times\frac{1}{2}=\frac{11}{12}$（亩），老二得 $\frac{11}{6}\times\frac{1}{4}=\frac{11}{24}$（亩），老三得 $\frac{11}{6}\times\frac{1}{6}=\frac{11}{36}$（亩）。同样，还没有分完，还剩余 $\frac{11}{72}$ 亩。还可以继续分下去，老大得 $\frac{11}{144}$ 亩，老二得 $\frac{11}{288}$ 亩，老三得 $\frac{11}{432}$ 亩，……，就这样，可以一直分下去，直到最后剩余面积可以忽略不计。

从上述分析我们可以得知，老大分到的良田亩数为 $\frac{22}{2}+\frac{22}{2\times12}+\frac{22}{2\times12\times12}+\frac{22}{2\times12\times12\times12}+\cdots=\frac{22}{2}\left(1+\frac{1}{12}+\frac{1}{12\times12}+\frac{1}{12\times12\times12}+\cdots\right)$。

很显然，括号里是一个无穷递降的等比数列，根据求和公式可以算出，它的极限是 $\frac{1}{1-\frac{1}{12}}=\frac{12}{11}$。

所以老大分到的良田为 $22\times\frac{1}{2}\times\frac{12}{11}=12$（亩），老二分到的良田为 $22\times\frac{1}{4}\times\frac{12}{11}=6$（亩），老三分到的良田为 $22\times\frac{1}{6}\times\frac{12}{11}=4$（亩）。这与数先生的方法所得到的结论显然是一样的。

这就是用"极限"的观点来看待财产分割问题,数学是不是很奇妙?

5.2.2 不可思议

在一次数学课上,张老师跟班里的同学说,自己有一种特异功能,下面给大家展示一下。他拿出 24 颗棋子、1 支铅笔、1 块橡皮和 1 个钥匙圈摆在讲台上,并邀请甲、乙、丙三位同学上台。张老师给甲同学 1 颗棋子,给乙同学 2 颗棋子,给丙同学 3 颗棋子,这时,讲台上还剩 18 颗棋子。

张老师对三位同学说,把铅笔、橡皮和钥匙圈这三样物件分别叫作 A、B、C。拿 A 的同学,要从棋子堆中取走与他手中棋子数相同的棋子,拿 B 的同学,要从棋子堆中取走他手中棋子数 2 倍的棋子,拿 C 的同学,要从棋子堆中取走他手中棋子数 4 倍的棋子。说完,张老师就背过身去。三位同学各自拿了一样物品,并取走了相应数量的棋子。张老师转过身来,看了一眼讲台上的棋子数,马上就判断出三位同学各自拿了什么物品。

同学们觉得惊讶极了,就请三位同学再试一试。就这样一连试了好多次,张老师都能准确无误地说出答案。同学们很惊讶,难道张老师后脑勺长着眼睛?

张老师的后脑勺当然不可能长眼睛啦!

其实是这样的,甲、乙、丙 3 人拿 3 样物品,一共只有 6 种拿法,而每种拿法都与剩下的棋子数有严格的一一对应关系,且很容易得到剩下的棋子不可能是 4 颗,只有以下几种情形:

剩余 1 颗棋子时,甲乙丙依次拿的是 A、B、C;

剩余 2 颗棋子时,甲乙丙依次拿的是 B、A、C;

剩余 3 颗棋子时,甲乙丙依次拿的是 A、C、B;

剩余 5 颗棋子时,甲乙丙依次拿的是 B、C、A;

剩余 6 颗棋子时,甲乙丙依次拿的是 C、A、B;

剩余 7 颗棋子时,甲乙丙依次拿的是 C、B、A。

若把取棋子的过程看作一种函数规律,剩下来的棋子数就是各人拿法的一个函数。结果就很明显了。

5.2.3 "数字脱衣舞"

在数学游戏中,有一种被称为"数字脱衣舞"的游戏,它好比脱衣服一样,组成的数字一个个地脱落下来,其某些性质仍然保持不变。

如看下面两组自然数,每一组各有三个六位数:

(1)123789,561945,642864;

(2)242868,323787,761943。

将它们分别相加可得:

$123789+561945+642864=242868+323787+761943$。

我们可以发现,它们的和是相等的。再深入一步,我们可以发现,它们的平方和也是相等的。

$123789^2+561945^2+642864^2=242868^2+323787^2+761943^2$。

再做进一步探索,我们把这些数字的第一位数字拿掉,再算一算它们的和及平方和。相信你已经发现了,它们的和是相等的:

$23789+61945+42864=42868+23787+61943$。

它们的平方和也是相等的:

$23789^2+61945^2+42864^2=42868^2+23787^2+61943^2$。

这个发现有点独特,我们再做一步尝试,继续拿掉上述数字的第一位,再看看它们的和及平方和。

通过计算,我们发现,剩下的数字的和及平方和依旧相等:

$3789+1945+2864=2868+3787+1943$;

$3789^2+1945^2+2864^2=2868^2+3787^2+1943^2$。

再试着拿掉第一位数,发现这个独特的性质仍然存在:

$789+945+864=868+787+943$;

$789^2+945^2+864^2=868^2+787^2+943^2$。

如此下去,直到分别只剩一位数,这性质依然存在:

$9+5+4=8+7+3$;

$9^2+5^2+4^2=8^2+7^2+3^2$。 (1)

刚才我们是在两组数中拿掉第一位,现在试试拿掉最后一位数,是不是仍然具有这个性质?发现:

$12378+56194+64286=24286+32378+76194$;

$12378^2+56194^2+64286^2=24286^2+32378^2+76194^2$。

这个性质仍然存在,再尝试拿掉最后一位,依然如此:

$1237+5619+6428=2428+3237+7619$;

$1237^2+5619^2+6428^2=2428^2+3237^2+7619^2$。

······

直到最后一位,还是如此:

$1+5+6=2+3+7$;

$1^2+5^2+6^2=2^2+3^2+7^2$。 (2)

如此神奇的数,除此之外还有没有呢?人们通过研究发现,

这样的数共有四组,除去上述两组外,其余两组分别是:

(3) $2+6+7=3+4+8$;

$2^2+6^2+7^2=3^2+4^2+8^2$。

(4) $1+6+8=2+4+9$;

$1^2+6^2+8^2=2^2+4^2+9^2$。

为了"脱衣",我们应该怎样添加高位数呢? 设高位数为 x, y,z,人们据此列出了下面的等式(以 $1+6+8=2+4+9$ 为例):

$(10x+1)^2+(10y+6)^2+(10z+8)^2=(10z+2)^2+(10x+4)^2+(10y+9)^2$

将上述等式化简得: $x+y=2z$。

若 x,y,z 的值是从 1 到 9 的九个数,每个数只出现一次,不能重复,则有以下 16 组解,它们是:

1,3,2;1,5,3;1,7,4;1,9,5;

2,4,3;2,6,4;2,8,5;3,5,4;

3,7,5;3,9,6;4,6,5;4,8,6;

5,7,6;5,9,7;6,8,7;7,9,8。

以上 16 组数字,前两个数的先后顺序也可以对调,于是又可得到 16 组数字,例如

3,1,2;5,1,3;7,1,4;9,1,5;……。

知道了这些,任何人都可以编出"数字脱衣舞"的例子,如:

第一位数可选:1,6,8 和 2,4,9,

最后一位数可选:2,6,7 和 3,4,8。

而中间的万位数、千位数、百位数与十位数可选:1,3,2 和 2,1,3;2,4,3 和 3,2,4;3,7,5 和 5,3,7;5,7,6 和 6,5,7。

这样便可得到神奇的等式:

$112352+634776+823567=223563+412354+934778$；

$112352^2+634776^2+823567^2=223563^2+412354^2+934778^2$。

由于可供选择的数组很多，我们可以大量生产能达到"数字脱衣舞"效果的数组，至此，这游戏神秘的面纱也被我们彻底揭开了。

5.2.4 破解存款密码

每个人一生中总有一些重要的保密数字必须记下来，以免日后遗忘，但又不能直接写在纸上，否则容易被别人发现。

这时，最简单的办法就是采用"代换型"密码。即把阿拉伯数字 0，1，2，3，4，5，6，7，8，9 来一个重新排列，但一切加法、减法、乘法、除法、乘方运算以及符号都保持不变。

有一位身家百万的老翁突发疾病而亡。老翁儿子不知道巨额存款的密码，正在唉声叹气时，发现了老父亲写的"4004"这个密码数和一些莫名其妙的算式：

(1) $7-33=-1$；

(2) $4×9=39$；

(3) $7^4=6$；

(4) $8×7=8$；

(5) $3+4×5=34$；

(6) $51÷2=2$。

老翁儿子十分聪明，经过反复琢磨，终于破译了父亲的密码。于是他前往银行，取出了巨额存款。

他是怎样研究出来的？

由(4)式可知,该式子中的"7"不是 0。我们先从第一个式子看起,某个一位数减去二位数后居然得到了负的一位数,可见"33"只能是 11,所以"3"相当于普通记法的 1。

再看(2)式,其中出现了两个"9"。由于"3"已肯定为 1,所以(2)式只能是 3×5＝15 或 6×2＝12 这两种情形。而 6×2＝12 是不可能的,因若"4"相当于 6 的话,那么(3)式将是某个数的 6 次方了,而这显然不行,所以第(2)式只能是 3×5＝15。于是,我们又得到两点:"4"是 3,"9"是 5。

接着,我们可推出第(3)式的真正意思是 $2^3＝8$,即"7"相当于 2,"6"相当于 8;由(4)式可以判定"8"只能等于 0。

再看(1)式,因为"7"相当于 2,所以第(1)式的真正意思一定是 2－11＝－9,由此而知"1"相当于 9。

于是,(6)式的真正意思是 49÷7＝7,所以"2"相当于 7,"5"相当于 4;(5)式所代表的等式,其实就是 1+3×4＝13。

综合上述信息,我们研究出了代换规律:

表面数字	1 2 3 4 5 6 7 8 9 0
实际数字	9 7 1 3 4 8 2 0 5 6

从而得出老翁的密码是"3663"。

5.3 名家与数学

历史长河中,由人类的知识和智慧凝聚而成的名人名言集思想洞察力、知识信息量和语言美感于一身。古今中外的名人事迹亦散发着永恒的魅力,使无知的人变聪明,使才智的人增长学问,给明达的人以开导,帮助年轻人慎思明辨,给迷茫的人找回信心。名家的言行给予我们启示,使我们在黑暗中找到黎明的曙光,并激励、鞭策我们去攀登更高峰。

"仁者见之谓之仁,智者见之谓之智。"(《周易·系辞上》)对同一个事物,不同的人有不同的看法。下面让我们一起来走进名家眼中的数学。

5.3.1 数学是什么

何谓数学?对这个问题,也是仁者见仁,智者见智。

美国数学家基思·德夫林(Keith Devlin)教授的《数学是什么?》一文中说:"据研究,数学始于10000年前数和运算的发明。"

据《说文解字注·一》记载:"一:惟初大极,道立于一,造分天地,化成万物。汉书曰,元元本本,数始于一。凡一之属皆从一。一之形,于六书为指事。"

> 数学王子高斯认为:
>
> Mathematics is the Queen of the Sciences,
>
> and Arithmetic the Queen of Mathematics.
>
> (数学是科学的女王,而数论是数学的女王。)

他把数学尊崇到"君临天下"的位置。

《辞海》:"数学——研究现实世界的空间形式和数量关系的科学。"即数学是研究现实世界的形和数的科学。

图 5-9　高斯

现实世界是物质的(物质简称"物")。运动是物质的存在方式(没有不动的物质)。

人们在认识现实世界的过程中,需要用数学把现实世界表述出来。恩格斯《自然辩证法》:"数学——辩证的辅助工具和表现形式。"

数学是我们在物质实践中直接经验到(看到或体验到)物有形,而用形表示物;再为形配数,以定量表示物;如此形数统一或相结合,以数值定量几何定态地探索和求解现实世界(现实宇宙)的各种运动及其运动的形数结合几何学的形式规律表现的科学。这种数学科学又叫做纯数学。

德国哲学家伊曼努尔·康德(Immanuel Kant,1724—1804)曾很感慨地说过数学科学呈现出一个最辉煌的例子,不用借助实验,纯粹的推理能成功地扩大人们的认知领域。

物理学家爱因斯坦也发表过相似的看法。

Pure mathematics is,in its way,

the poetry of logical ideas.

(纯粹数学,就其本质而言,是逻辑思想的诗篇。)

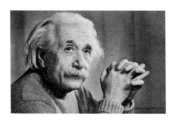

图 5-10　爱因斯坦

爱因斯坦还就他的研究工作体验说道,数学受到高度尊崇的另一个原因在于:恰恰是数学,给精密的自然科学提供了无可置疑的可靠保证,没有数学,它们无法达到这样的可靠程度。

集合论的开创者康托尔(G. Cantor,1845—1918)有一句颇使人费解的名言:

The essence of mathematics lies in its freedom.

(数学的本质在于它的自由。)

图 5-11　康托尔

清华大学的数学教授肖树铁对康托尔的这一名言是如此阐释的:"从本性上,数学是能激发人的自由创造本能。它使人敢于突破常规,不迷信书本、权威,有创新的胆略和勇气。自由创造性思维,是人类文明的源泉,也是数学能够启迪的人性中最珍贵的品格。"

要全面、准确地回答"数学是什么?"并不是很容易的。只有对数学有深入地了解,正确地认识,才能找到切合实际的答案,了解数学的发展历史及丰富的内容;既有超乎现实,似乎无用的抽象理论,又有广泛应用性的理论成果;它的无可争辩的真理性;它的"望之凛然犹神明"(《宋史·李蒂传》)的美……并能以正确的方法论、认识论为指导,对这门已有数千年历史,至今还充满活力的大量的人类精神财富的学科,进行综合、分析,才能说清"数学是什么"。

即便不说数学是科学的一个特殊分支,至少也可以说是独特的分支,说它扮演"万民共仰"的女王角色,它与其他的几乎所有的分支都有比较密切的联系。这样的独特性是其他学科所没有的。

仅仅依赖于逻辑推理,无须史料、实验,数学家就能完成经得起岁月冲刷的理论探索,这也是其他学科难以想象的。

在欧几里得几何中,过直线外一点,只能作一条直线与给定直线平行。但在罗巴切夫斯基几何中,这样的直线至少可作两条;而在黎曼几何中,这样的直线不存在。

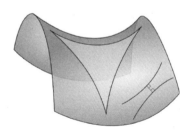 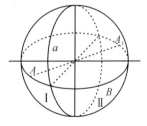

图 5-12 罗巴切夫斯基几何模型　　**图 5-13 黎曼几何模型**

在欧几里得几何中,任何三角形的内角和都是 180 度;但在罗巴切夫斯基几何中,三角形的内角和小于 180 度,而且随三角形的不同,内角和也不同;在黎曼几何中,三角形的内角大于 180 度。

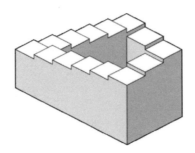

图 5-14　彭罗斯阶梯

数学中出现了不少"悖论",但是,深入地研究数学发展的历史,不难发现,正是由于数学自身也存在着这样的矛盾,它们的对立与统一,使数学成为更加成熟的分支,这是辩证唯物主义史观在数学中的体现。如果不能用正确的认识观察、分析数学中产生的种种矛盾,人就必然会陷入困惑与迷惘之中。

数学爱好者们,都是出于纯粹的热爱。不管是蜚声中外的世界级大师,还是伏案演草的普通中学生,心中都怀着一个梦,那就是探明数学的本质,揭示数学的所有奥秘。当然,如果真到了数学的本质被充分发掘的那一天,人类文明应该也早已登上了宇宙文明的顶峰。宇宙是数学的,数学也是宇宙的。你在演草纸上随意写下的几个数,可能就包含了有关宇宙运行的无数个奥秘。

5.3.2　为什么要学数学

许多人曾经有过这样的疑问:"学习数学到底有什么用?""到菜市场买菜会简单的计算不就可以了么?""高中课本里学的函数等知识,大学里学的微积分,生活中哪里用到了啊?"诸如此类的问题,是因为学生没有从本质上认识到学习数学的作用,弱化了数学的潜在价值，最终对学习数学失去了兴趣与动力。

对于我们每一个人，不仅仅是对于孩子们，到底学数学有什么用？

被马克思誉为"英国唯物主义和整个现代实验科学的真正始祖"的哲学家培根（F. Bacon，1561—1626）有一句经典的格言：

Histories make men wise; poems nitty;

The mathematics subtile; natural philosophy deep;

moral grave; logic and rhetoric able to contend.

（历史使人明智，诗歌使人聪慧，

数学使人精密，哲理使人深刻，

伦理学使人有修养，逻辑与修辞使人善辩。）

图 5-15　培根

不过，关于数学的作用，最好说得更具体些：它渗透到我们的现实生活的方方面面。

当代数学教育家谢尼泽说：Mathematics is a crucial component of our culture. It can and should make a signal educational contribution. （数学是我们的文化中极为重要的一个组成部分。它能够也必将做出显著的教育上的贡献。）

众所周知，数学在我们的基础教育中占有很大的分量，数学是中考、高考的必考科目。功利一些，实用一些来说，数学是不得不学的学科。在目前这个阶段除了极个别的走艺术的道路的孩子之外，中考，高考还是大部分孩子最好的出路。而数学则是大家绕不开的科目之一，无论你是学理科还是学文科，高考数学都是必考科目，数学学好的最直接的益处，除了参加考试能得高分，也可以为以后大学专业课程打下良好的基础。

法国数学家丹尼斯·苏利文（D. Sullivan）说：

For me the attraction of turning to mathematics is that in mathematics it is possible to actually make progress in a train of thought.

（吸引我转向数学的原因在于数学能够在思想的训练方面实际地做出贡献。）

图 5-16　加里宁

苏利文的话不由会使我们回想起前苏联最高苏维埃主席团主席加里宁(M. Kalinin,1875—1946)的一句名言:"数学是锻炼思维的体操。"

数学的学习过程,也是逻辑思维能力培养的过程。这个作用也是明显的,大家身边如果有学理工科的朋友和学习文科的朋友,就会发现以上两类人,对待同一件事情上有着完全不同的思路和解决方法。不同学科的人思维方式的不同,也影响了外在的气质。学文的大部分人感性,想象力丰富,做事灵活;学理的大部分人理性,逻辑性强,做事严谨。不存在哪种思维方式更优,只是各有特点。但是一般在处理日常事务的时候,更多的是要"讲理"。这也是为什么人们经常强调培养逻辑思维能力的原因!

数学能够给予人的,往往超过人们的期望,出乎意料的多。当然,数学更主要的作用还在于它的广泛应用性。不管你从事什么职业,或多或少地都需要数学。

美国当代的女数学教授波雅妮(E. L. Poiani)说过:

Like it or not, mathematics opens career doors, so it's downright practical to be prepared.

(不管你喜欢与否,数学为你打开求职的大门,因此,它是需要加以准备的真正实用的课程。)

如今这个社会上哪些行业的收入最高呢?百度一下可以知道:(1)互联网;(2)金融;(3)电子。试问,这三个行业哪一个不需要数学?实际上,要想在这三个行业立足,数学学得不好还不行。另外一个问题,2019年最为紧缺的岗位前三名:搜索算法,算法工程师,数据架构师。即使不了解这些行业和岗位,单从名字上也能看出来离开数学是不行的吧？ 所以能够学好数学,将来一定是衣食无忧的。在此感谢一下那些默默无闻为数学做出贡献的数学教育者,他们拿着微薄的薪水,不为外界所动,从事着伟大的工作。

　　毕达哥拉斯说过:

　　Number rules the universe.

　　(数统治着宇宙。)

图 5-17　毕达哥拉斯

　　这句话曾被认为是唯心主义的呓语。随着数字化技术的产生,宇宙间还有什么东西能够离开"数"呢？ 可以这么说,没有数学就没有今天的现代社会。初等数学的作用不再过多描述。那么我来稍微介绍一下现在大学数学的各主要学科的"用处"。

　　微积分:微积分是高等数学的基础,应用范围非常广泛,基本上涉及函数的领域都需要微积分的知识。最典型的应用是求各类曲线的长度,求曲线的切线,求各种不规则图形的面积。它在计算机科学、天文学、力学、数学、物理学、化学、工程学以及社会科学等各个领域都发挥着重要作用。

线性代数:是目前应用很广泛的数学分支,核心内容是线性变换,数据结构、程序算法、电子电路、电子信号、自动控制、经济分析、医学、会计等都需要用到线形代数的知识,是目前经管、理工、计算机专业学生的必修课程。

概率论:是研究随机现象数量规律的数学分支,主要应用于在自然科学、社会科学、工程技术、军事科学、计算机科学、统计学。现在最火的机器学习就是应用了概率论及相关知识,奠定了人工智能的基础。

复变函数:是应用很广的一门学科,在固体力学、通信工程、电气工程等领域都有广泛的应用,所以工科学生都要学这门课的。

可以说,数学是所有学科的工具,是学好其他学科的必备基础。

人类文明发展的历史证明了:人类文明的进步,数学无时无刻不在扮演着不可或缺的角色。电磁波的发现,数学起了先锋的作用;现代经济学分析,离不开数学的参谋;在生物学的研究中,数学起了尖兵的作用;物理学、化学与数学,如同刘、关、张桃园三结义,难分难离。即便是体育竞技活动,从运动员训练计划的制订、训练效果的分析到成绩、名次的排定,都需要一定的量化指标,数学至少是一位管家——事无巨细,都要操上一份心。

所以,数学具有很大的潜在价值,希望大家能够明白数学的重要性,从而学好数学,用好数学。

5.3.3 怎么学好数学

说起学习数学,虽然未必有多少人"谈数色变",但必有不少人"见数生畏"。不少人对数学因抽象而畏难,见符号而头疼,觉得数学枯燥而乏味,产生了对数学的心理障碍。

英国物理学家威廉·汤姆森(William Thomson,1824—1907)说过:

Do not imagine that mathematics is hard，crabbed and repulsive to common sense，it is merely the etherealization of common sense.

(别把数学想象为硬邦邦的、胡搅蛮缠的、令人讨厌的、有悖于常识的东西,它只不过是赋予常识以灵性的东西。)

图 5-18　威廉·汤姆森

要学好数学,首先必须对数学产生兴趣。爱因斯坦说过:"兴趣是最好的老师。"兴趣才是原动力,可以推动你在数学的学习道路上持续前行。

要学好数学,还必须知行合一。

当代著名的数学家、数学教育家波利亚对此曾做了一个很形象的比喻:如果你想学会游泳,你必须下水;如果想成为解题能手,你必须解题。实践,对于任何理论,都是不可或缺的,数学也不例外。

数学家保罗·哈尔莫斯提出如下观点:

The only way to learn mathematics is to do mathematics.

(学习数学的唯一方法是做数学。)

图 5-19 保罗·哈尔莫斯

对于一本数学书,包括我们奉献给读者的这一本书,如果是看,读者将会发现许多对自己来说是未知的新鲜的东西;如果是读,读者将会品悟到其中蕴含着的浓郁韵味;但是,只有做——

动脑筋想、动手演算、顺藤摸瓜查阅相关资料……才能汲取营养,滋补自己。

正如开尔文勋爵所说,数学是带有灵性的常识,因此,学数学,不能只限于它的皮毛、枝节、外在的花招,而必须深入实质、得其精粹。那么,要从何学起呢?

挪威数学家尼尔斯·亨利克·阿贝尔总结他自己的"学习心得"时说过:"如果一个人想在数学方面有所进步,他必须向大师们学习,而不是向徒弟们学习。"之所以应该向大师们学习,在于大师们在推动数学的发展时,蕴含的数学思想比起任何具体的数学知识(孤立的定理、公式、法则等)要有价值得多。

图 5-20　尼尔斯·亨利克·阿贝尔

建立向量分析法的电报和电话工程师希维赛德(Heaviside,1850—1925)早就更详细地表达过这一观点:"事实,只认为是事实,没有太大的用处。因其数量之多与显而易见的支离破碎,使人手足无措。但是,把它们融合成理论,并使之协调,那么,情况就不同了。理论是事实的本质。没有理论,科学知识将只是一处疯人院。"

学习,就要善于把纷繁、杂乱的知识融合成系统的有指导意义的理论。为此,就要善于像大师们那样,进行"概念的思考",把已知的事实进行有价值的"组装"。

为了学好数学,要培养兴趣,不惮"下水",勤于思索,向大师们学习,立足于高起点。倘若尚处初等水平时,理解的习惯就丧失或从未曾学到,那么,当问题变得较为复杂时,理解的习惯将不会重现。

愿读者朋友及早养成肯想、敢想、勤想、善想与乐于想的好习惯,那么,无论以后从事什么工作,都将因有此习惯而受益不尽。

5.3.4 名家小故事

1.8 岁高斯速算求和

他在小时候就表现出不一样的数学天赋。他还不会讲话就自己学计算,在 3 岁时,有一天晚上他看着父亲算工钱,还纠正父亲计算的错误。

长大后,他成为当时最杰出的天文学家、数学家。他在电磁学方面也有一些贡献,现在电磁学的一个单位就是用他的名字命名的,他就是德国著名的数学家高斯,数学家们则称呼他为"数学王子"。

高斯出生在一个贫穷的家庭,8 岁时进入乡村小学读书。教数学的老师是一个从城里来的人,觉得在一个穷乡僻壤教几个小猢狲读书,真是大材小用,而他又有些偏见:穷人的孩子天生都是笨蛋,教这些蠢笨的孩子念书不必认真,如果有机会还应该处罚他们,给自己这枯燥的生活添一些乐趣。

这一天正是数学教师情绪低落的一天。学生们看到老师那抑郁的表情,心里害怕起来,知道老师又会在今天找理由处罚学生。"你们今天算从 1 加 2 加 3 一直加到 100 的和。谁算不出来就罚他不能回家吃午饭。"老师讲了这句话后就一言不发地拿起一本小说坐在椅子上看起来。

教室里的小朋友们拿起石板开始计算:1 加 2 等于 3,3 加 3 等于 6,6 加 4 等于 10……一些小朋友加到一个数后就擦掉石板上的结果,再加下去,数越来越大,很不好算。有些孩子的小脸涨红了,有些孩子手心、额上渗出了汗水。

还不到半个小时,小高斯拿起了他的石板走上前去。"老师,答案是不是这样?"

老师头也不抬,挥着那肥厚的手,说:"去,回去再算!错了。"他想,不可能这么快就会有答案的。

可是高斯却站着不动,把石板伸到老师面前:"老师!我想这个答案是对的。"

数学老师本来想怒吼,可是一看石板上整整齐齐写了这样的数——5050,他惊奇起来,因为他自己曾经算过,得到的数也是 5050,这个 8 岁的小鬼怎么这样快就得到了这个数值呢?

高斯解释他发现的一个方法,这个方法就是古时希腊人和中国人用来计算级 $1+2+3+\cdots+n$ 的方法。高斯的发现使老师觉得羞愧,觉得自己以前目空一切和轻视穷人家的孩子的想法是不对的。他以后也认真教起书来,还常从城里买些数学书自己进修并借给高斯看。在他的鼓励下,高斯以后在数学上做出了一些重要的研究。

2. 小欧拉智改羊圈

欧拉是数学史上著名的数学家,他在数论、几何学、天文数学、微积分等好几个数学的分支领域中都取得了出色的成就。不过,这个大数学家在孩提时代却一点也不讨老师的喜欢,他是一个被学校除了名的小学生。

事情是因为星星而引起的。当时,小欧拉在一个教会学校里读书。有一次,他向老师提问,天上有多少颗星星。老师是个神学的信徒,他不知道天上究竟有多少颗星,圣经上也没有回答过。其实,天上的星星数不清,是无限的。我们肉眼可见的星星也有几千颗。这个老师不懂装懂,回答欧拉说:"天上有多少颗星星,这无关紧要,只要知道天上的星星是上帝镶嵌上去的就够了。"

欧拉感到很奇怪:天那么大,那么高,地上没有扶梯,上帝是怎么把星星一颗一颗镶嵌到天幕上的呢?上帝亲自把它们一颗一颗地放在天幕,他为什么忘记了星星的数目呢?上帝会不会太粗心了呢?

他向老师提出了心中的疑问,老师又一次被问住了,涨红了脸,不知如何回答才好。老师的心中顿时升起一股怒气,这不仅是因为一个才上学的孩子向老师问出了这样的问题,使老师下不了台,更主要的是,老师把上帝看得高于一切。小欧拉居然责怪上帝为什么没有记住星星的数目,言外之意是对万能的上帝提出了怀疑。在老师的心目中,这可是个严重的问题。

在欧拉的年代,对上帝是绝对不能怀疑的,人们只能做思想的奴隶,绝对不允许自由思考。小欧拉没有与教会、与上帝"保持一致",老师就让他离开学校回家。但是,在小欧拉心中,上帝神圣的光环消失了。他想,上帝是个窝囊废,他怎么连天上的星星也记不住?他又想,上帝是个独裁者,连提出问题都成了罪。他还想,上帝也许是个别人编造出来的家伙,根本就不存在。

回家后无事,他就帮助爸爸放羊,成了一个牧童。他一面放羊,一面读书。他读的书中,有不少数学书。

爸爸的羊群渐渐增多了,达到了 100 只。原来的羊圈有点小了,爸爸决定搭建一个新的羊圈。他用尺量出了一块长方形的土地,长 40 米,宽 15 米,他一算,面积正好是 600 平方米,平均每一头羊占地 6 平方米。正打算动工的时候,他发现他的材料只够围 100 米的篱笆,不够用。若要围成长 40 米,宽 15 米的羊圈,其周长将是 110 米(15+15+40+40=110)。父亲感到很为难,若要按原计划搭建,就要再添 10 米长的材料;要是缩小面积,每头羊的领地面积就会小于 6 平方米。

小欧拉却向父亲说,不用缩小羊圈,也不用担心每头羊的领地会小于原定的 6 平方米。他有办法。父亲不相信小欧拉会有什么办法,就没有理他。小欧拉急了,大声说,只要稍稍移动一下羊圈的桩子就行了。

父亲听了直摇头,心想:"世界上哪有这样便宜的事情?"小欧拉却坚持说,他一定能两全其美。父亲终于同意让儿子试试看。

小欧拉见父亲同意了,站起身来,跑到准备动工的羊圈旁。他以一个木桩为中心,将原来的 40 米边长截短,缩短到 25 米。父亲着急了,说:"那怎么成呢?那怎么成呢?这个羊圈太小了,太小了。"小欧拉也不回答,跑到另一条边上,将原来 15 米的边长延长,又增加了 10 米,变成了 25 米。经这样一改,原来计划中的羊圈变成了一个 25 米边长的正方形。然后,小欧拉很自信地对爸爸说:"现在,篱笆也够了,面积也够了。"

父亲照着小欧拉设计的羊圈扎上了篱笆,100 米长的篱笆真的够了,不多不少,全部用光。面积也足够了,还比原计划稍稍大了一些。父亲心里感到非常高兴。孩子比自己聪明,真会动脑筋,将来一定大有出息。

父亲感到,让这么聪明的孩子放羊实在是太可惜了。后来,他想办法让小欧拉认识了大数学家伯努利。通过这位数学家的推荐,1720 年,小欧拉成了巴塞尔大学的学生。这一年,小欧拉13 岁,是这所大学最年轻的大学生。

3.阿基米德与皇冠

阿基米德是一位天文学家和数学家,他从小受到良好的教育,特别喜爱数学。

一天,国王叫一个工匠替他打造一顶金皇冠。国王给了工匠他所需要的数量的黄金。工匠手艺高超,制作的皇冠精巧别致,而且重量跟当初国王所给的黄金一样。但是,有人向国王报告说:"工匠制造皇冠时,私下吞没了一部分黄金,把同样重的银子掺了进去。"国王听后,也怀疑起来,就把阿基米德找来,要他想办法测定,金皇冠里掺没掺银子,工匠是否私吞黄金了。

这次,可把阿基米德难住了。他回到家里苦思冥想了好久,也没有想出办法,整天吃不下饭,睡不好觉,也不洗澡,像着了魔一样。

有一天,国王派人来催他进宫汇报。他妻子看他太脏了,就逼他去洗澡。他在澡堂洗澡的时候,脑子里还想着称量皇冠的难题。突然,他注意到,当他的身体在浴盆里沉下去的时候,就有一部分水从浴盆边溢出来。同时，他觉得入水愈深，他愈轻。于是，他立刻跳出浴盆，忘了穿衣服，就跑到满是人群的街上去了。他一边跑，一边叫："我想出来了，我想出来了，称量皇冠的办法找到啦！"

他进皇宫后，对国王说："请允许我先做一个实验，才能把结果报告给你。"国王同意了。阿基米德将与皇冠一样重的一块金子、一块银子和皇冠，分别放在装满水的水盆里，结果金块排出的水量比银块排出的水量少，而皇冠排出的水量比金块排出的水量多。

阿基米德对国王说："皇冠掺了银子！"国王看了实验，没有弄明白，让阿基米德给解释一下。阿基米德说："一公斤的木头和一公斤的铁比较，木头的体积大。如果分别把它们放入水中，体积大的木头排出的水量，比体积小的铁排出的水量多。我把这个道理用在金子、银子和皇冠上。正因金子的密度大，而银子的密度小，同样重的金子和银子，必然是银子的体积大于金子的体积。因此同样重的金块和银块放入水中，金块排出的水量就

图 5-21　阿基米德

比银块的水量少。刚才的实验证明,皇冠排出的水量比金块多,说明皇冠的密度比金块的密度小,这就证明皇冠不是用纯金制造的。"阿基米德有条理的讲述,使国王信服了。实验结果证明,那个工匠私吞了黄金。

阿基米德的这个实验,就是"静水力学"的胚胎。但他并不停留在这一点上,而是继续深入研究浮体的问题,结果发现了自然科学中的一个重要原理——阿基米德定律。即:把物体浸在一种液体中时,所排开的液体体积,等于物体所浸入的体积;维持物体的浮力,跟物体所排开的液体的重量相等。

4. 给我一个支点,我就能撬起整个地球

2190 年前,在古希腊西西里岛的叙拉古国,出现了一位伟大的数学家。他就是阿基米德。阿基米德一生勤奋好学,献身于科学,忠于祖国,受到了人们的尊敬与赞扬。阿基米德曾发现杠杆定律和以他的名字命名的阿基米德定律。

人们从远古时代起就会使用杠杆,并且懂得巧妙地运用杠杆。古埃及在造金字塔的时候,奴隶们就利用杠杆把沉重的石块往上撬。造船工人用杠杆在船上架设桅杆。人们用汲水吊杆从井里取水,等等。但是,杠杆为什么能做到这一点呢?

在阿基米德发现杠杆定律之前,是没有人能够解释的。当时,有的哲学家在谈到这个问题的时候,一口咬定说,这是"魔性"。阿基米德却不承认是什么"魔性"。他懂得,自然界里的种种现象,总有自然的原因来解释。杠杆作用也有它自然的原因,他决心把它解释出来。阿基米德经过反复地观察、实验和计算,最后确立了杠杆的平衡定律:力臂和力(重量)成反比例。换句话说,就是:小重量是大重量的多少分之一重,长力臂就应当是短力臂的多少倍长。阿基米德确立了杠杆定律后,就推断说,只要能够取得适当的杠杆长度,任何重量都能够用很小的力量撬起来。

据说他以前说过这样的豪言壮语:"给我一个支点,我就能撬起地球!"

叙拉古国王听说后,对阿基米德说:"凭着宙斯(宙斯是古希腊神话中的众神之王,主管天、雷、电和雨)起誓,你说的事真是稀奇古怪,阿基米德!"阿基米德向国王解释了杠杆的特性以后,国王说:"到哪里去找一个支点,把地球撬起来呢?"

"这样的支点是没有的。"阿基米德回答说。

"那么,要叫人坚信力学的神力就不可能了?"国王说。

"不,不,你误会了,陛下,我能够给你举出别的例子。"阿基米德说。

国王说:"你太吹牛了! 你且替我推动一样重的东西,看你讲的话怎样。"当时国王正有一个困难的问题,就是他替古埃及王造了一艘很大的船。船造好后,动员了叙拉古全城的人,也没法把它推下水。阿基米德说:"好吧,我替你来推这艘船吧。"

阿基米德离开国王后,就利用杠杆和滑轮的原理,设计、制造了一套巧妙的机械。把一切都准备好后,阿基米德请国王来观看大船下水。他把一根粗绳的末端交给国王,让国王轻轻拉一下。顿时,那艘大船慢慢移动起来,顺利地滑进了水里。国王和大臣们看到这样的奇迹,好像看魔术一样,惊奇不已! 于是,国王对阿基米德完全信服,并向全国发出布告:"从此以后,无论阿基米德讲什么,都要相信他……"

5. 笛卡尔爱心函数

勒内·笛卡尔,法国哲学家、数学家、物理学家。他为现代数学的发展做出了重要的贡献,因将几何坐标体系公式化而被认为是解析几何之父。

一个宁静的午后,笛卡尔照例坐在街头,沐浴在阳光中研究数学问题。他如此沉溺于数学世界,身边过往的人群,喧闹的车马队伍,都无法影响他。

突然,有人来到他旁边,拍了拍他的肩膀,说:"你在干什么呢?"扭过头,笛卡尔看到一张年轻秀丽的脸庞,一双清澈的眼睛如湛蓝的湖水,楚楚动人,长长的睫毛一眨一眨的,期待着他的回应。她就是瑞典的小公主,国王最宠爱的女儿克里斯汀。

她蹲下身,拿过笛卡尔的数学书和草稿纸,和他交谈起来。言谈中,他发现,这个小女孩思维敏捷,对数学有着浓厚的兴趣。

和女孩道别后,笛卡尔渐渐忘却了这件事,依旧每天坐在街头写写画画。

几天后,他意外地接到通知,国王聘请他做小公主的数学老师。满心疑惑的笛卡尔跟随前来通知的侍卫一起来到皇宫,在会客厅等候的时候,他听到了从远处传来的银铃般的笑声。转过身,他看到了前几天在街头偶遇的女孩子。慌忙中,他赶紧低头行礼。

从此,他当上了公主的数学老师。

公主的数学水平在笛卡尔的悉心指导下突飞猛进,他们之间也开始变得亲密起来。笛卡尔向她介绍了他研究的新领域——直角坐标系。通过它,代数与几何可以结合起来,也就是日后笛卡尔创立的解析几何学的雏形。

在笛卡尔的带领下,克里斯汀走进了奇妙的坐标世界,她对曲线着了迷。每天的形影不离也使他们彼此产生了爱慕之心。

图 5-22　笛卡尔

在瑞典这个浪漫的国度里,一段纯粹、美好的爱情悄然萌发。

然而,没过多久,他们的恋情传到了国王的耳朵里。国王大怒,下令马上将笛卡尔处死。在克里斯汀的苦苦哀求下,国王将他驱逐出境,公主则被软禁在宫中。

当时,欧洲大陆正在流行黑死病。身体羸弱的笛卡尔回到法国后不久,便染上重病。在生命进入倒计时的那段日子,他日夜思念的还是街头偶遇的那张温暖的笑脸。他每天坚持给她写信,盼望着她的回音。然而,这些信都被国王拦截下来,公主一直没有收到他的任何消息。

在笛卡尔给克里斯汀寄出第 13 封信后,他永远地离开了这个世界。此时,被软禁在宫中的小公主依然徘徊在皇宫的走廊里,思念着远方的情人。

这最后一封信上没有写一句话,只有一个方程:

$$r = a(1 - \sin \theta)。$$

国王看不懂,以为这个方程里隐藏着两个人不可告人的秘密,便把全城的数学家召集到皇宫,但是没有人能解开这个函数式。他不忍看着心爱的女儿每天闷闷不乐,便把这封信给了她。

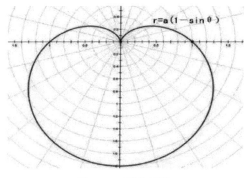

图 5-23　爱心函数

拿到信的克里斯汀欣喜若狂,她立即明白了恋人的意图,找来纸和笔,着手把方程图形画了出来,一个心形图案出现在眼前,克里斯汀不禁流下感动的泪水,这条曲线就是著名的"心形线"。

国王去世后,克里斯汀继承王位,登基后,她便立刻派人去法国寻找心上人的下落,得到的却是笛卡尔去世的消息,留下了一个永远的遗憾……

参考书目

[1] I.阿西莫夫.数的趣谈[M].洪丕柱,周昌忠,译.上海:上海科学技术出版社,1980.

[2] 刘云章.数学符号概论[M].合肥:安徽教育出版社,1993.

[3] 波利亚・G.数学与猜想[M].北京:科学出版社,1984.

[4] M.克莱因.古今数学思想(第4册)[M].北京大学数学系数学史翻译组,译.上海:上海科学技术出版社,1981.

[5] 袁小明,等.数学思想发展简史[M].北京:高等教育出版社,1992.

[6] 张顺燕.数学的美与理[M].北京:北京大学出版社,2004.

[7] 李文林.数学史概论[M].北京:高等教育出版社,2000.

[8] Eli Maor.三角之美[M].曹雪林,边晓娜,译.北京:人民邮电出版社,2010.

[9] 易南轩.数学美拾趣[M].北京:科学出版社,2015.

[10] 王志熊.数学美食城[M].北京:民主与建设出版社,2000.

[11] 张景中,任宏硕.漫话数学[M].北京:中国少年儿童出版社,2003.

[12] 徐品方,徐伟.数学奇趣[M].北京:科学出版社,2012.

[13] 张士军.漫步数学之美[M].北京:高等教育出版社,2012.

[14] 蒋声,蒋文蓓.数学与美术[M].上海:上海教育出版社,2008.

[15] 安娜·伽拉佐利.数学真好玩[M].段淳,译.海口:南海出版公司,2010.

[16] 吕荣利.趣味数学体验书[M].北京:中国纺织出版社,2017.

[17] 张景中.数学杂谈[M].北京:中国少年儿童出版社,2005.

[18] 基斯·德夫林.数学:新的黄金时代[M].李文林,等,译.上海:上海教育出版社,2005.

[19] Peter Winkler.数学趣题[M].兰光强,等,译.北京:人民邮电出版社,2009.

[20] 沈康身.历史数学名题赏析[M].上海:上海教育出版社,2002.

[21] 张顺燕.数学的源与流[M].北京:高等教育出版社,2000.

[22] 雅科夫·伊西达洛维奇·别莱利曼.趣味代数学[M].徐枫,编译.北京:北京工业大学出版社,2017.